KB139511

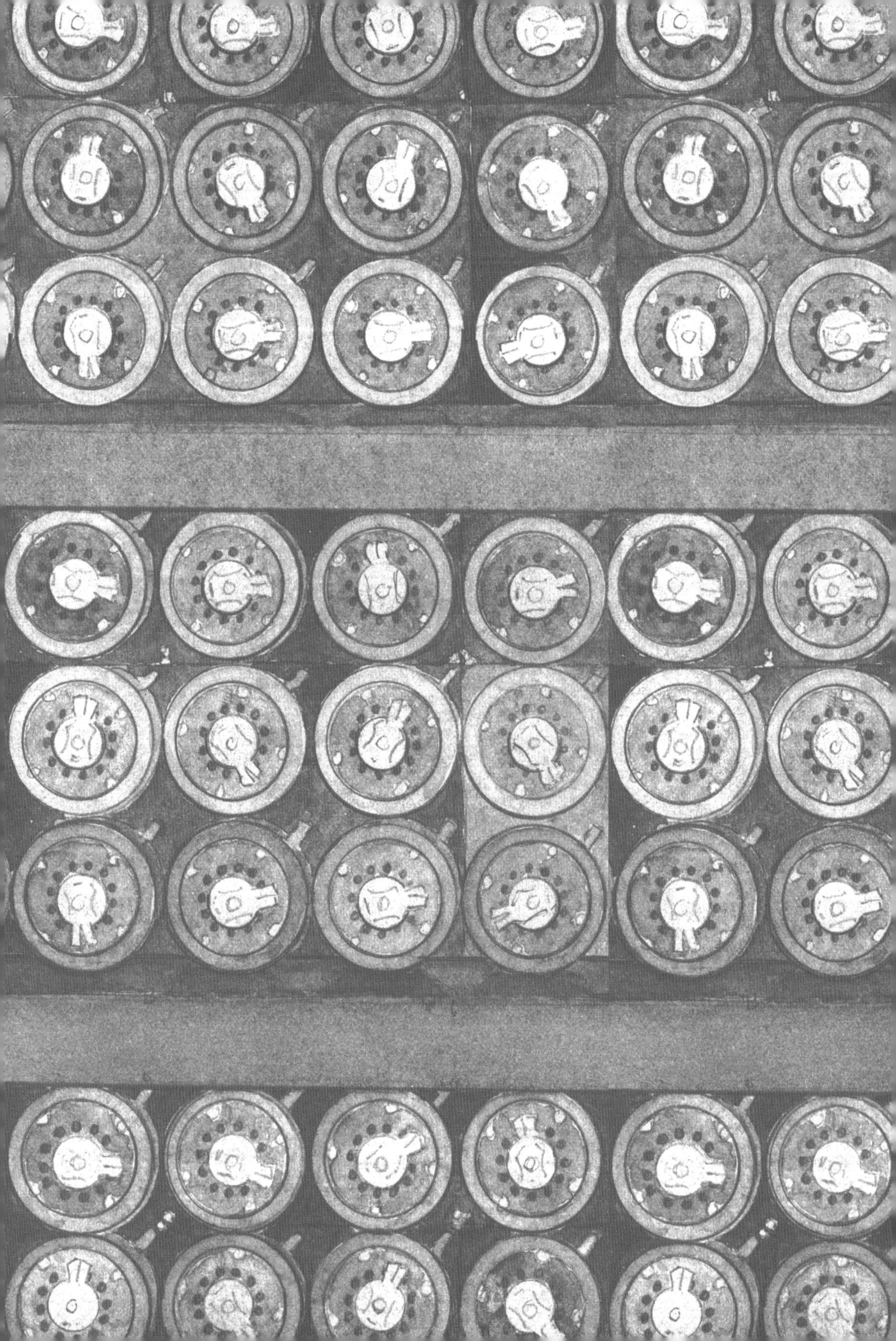

ALAN TURING

앨런 튜링 : 생각하는 기계, 인공지능을 처음 생각한 남자

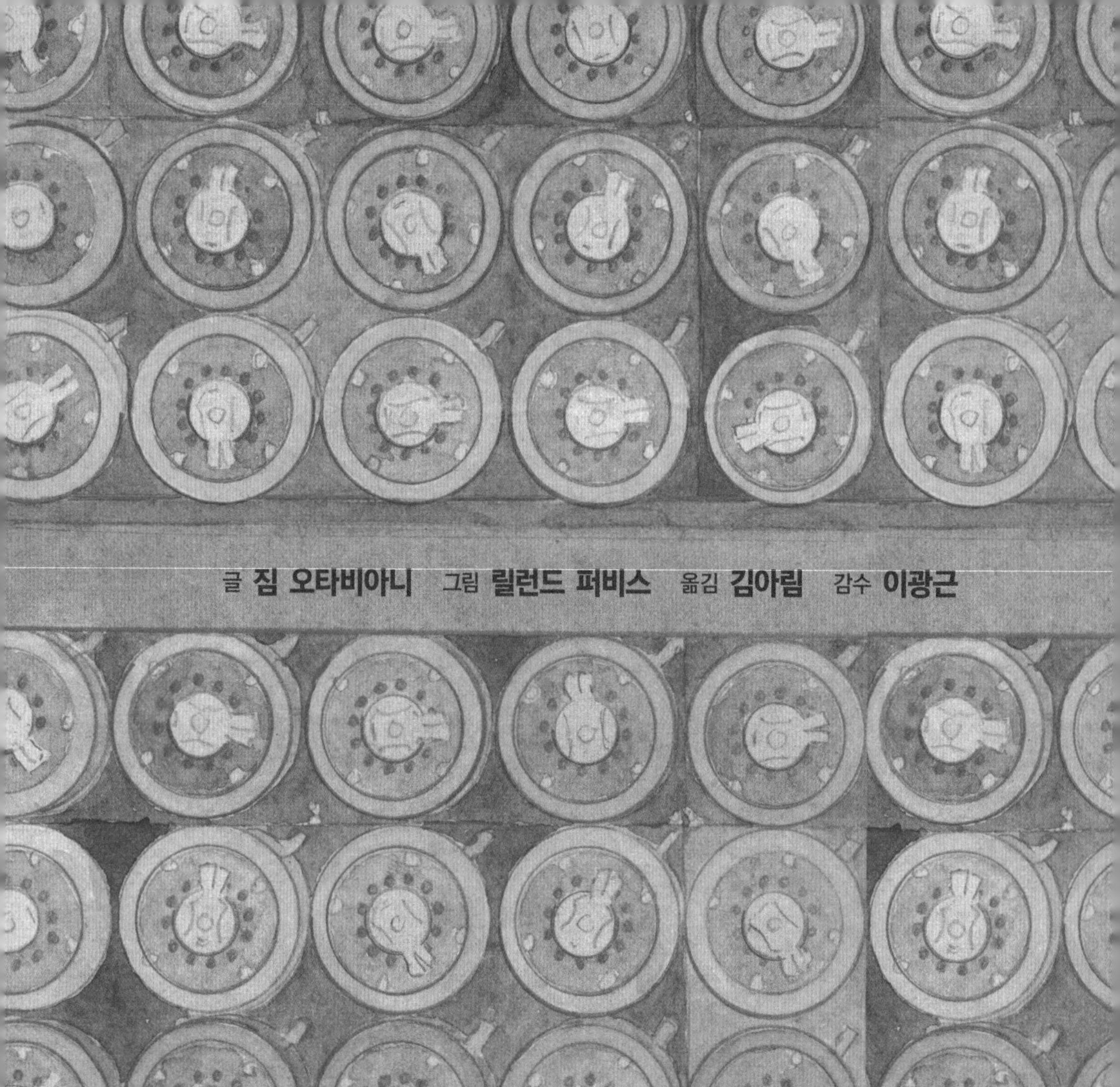

글 **짐 오타비아니** 그림 **릴런드 퍼비스** 옮김 **김아림** 감수 **이광근**

ALAN
TURING
앨런 튜링 : 생각하는 기계,
인공지능을 처음 생각한 남자
푸른
지식

THE IMITATION GAME: ALAN TURING DECODED

Copyright © 2016 Jim Ottaviani
Illustration Copyright © 2016 Leland Purvis
First published in the English language in 2016
By Harry N. Abrams, Incorporated, New York
All rights reserved in all countries by Harry N. Abrams, Inc.

Korean translation copyright © 2016 by Green Knowledge Publishing Co.
Korean translation rights arranged with Harry N. Abrams, Inc.
through EYA(Eric Yang Agency)

앨런 튜링: 생각하는 기계, 인공지능을 처음 생각한 남자
(그래픽 평전 시리즈 009)

초판 1쇄 발행 2016년 8월 1일

글 짐 오타비아니
그림 릴런드 퍼비스
옮긴이 김아림
감수자 이광근
펴낸이 윤미정

책임편집 차언조
책임교정 김계영
홍보 마케팅 이민영
디자인 강현아

펴낸곳 푸른지식 | 출판등록 제2011-000056호 2010년 3월 10일
주소 서울특별시 마포구 월드컵북로 16길 41 2층
전화 02)312-2656 | 팩스 02)312-2654
이메일 dreams@greenknowledge.co.kr
블로그 blog.naver.com/greenknow

ISBN 978-89-98282-81-3 03400

이 책의 한국어판 저작권은 EYA(Eric Yang Agency)를 통한 Harry N. Abrams, Inc.사와의 독점 계약으로 푸른지식이 소유합니다.

저작권법에 의하여 한국 내에서 보호를 받는 저작물이므로 무단전재와 복제를 금합니다.
이 책 내용의 전부 또는 일부를 이용하려면 반드시 저작권자와 푸른지식의 서면 동의를 받아야 합니다.

이 도서의 국립중앙도서관 출판시도서목록(CIP)은
서지정보유통지원시스템 홈페이지(http://seoji.nl.go.kr)와 국가자료공동목록시스템(http://www.nl.go.kr/kolisnet)에서 이용하실 수 있습니다.
(CIP제어번호: CIP2016017565)

잘못된 책은 바꾸어 드립니다.
책값은 뒤표지에 있습니다.

감사의 말

니콜 스칼마, 그리고 니콜에 앞서 조앤 힐티가 이 이야기를 편집해 주었다. 이 책에서 여러분이 분명하지 않다고 생각하는 부분이 있다면 분명 내가 이 두 사람의 훌륭한 조언을 제대로 받아들이지 못했기 때문이다. 닉 아바드치스는 대사를 살펴보며 관용구를 수정해 주고 더 영국식으로 들리도록 제안해 주었다. 캣 헤이지던과 캐럴 버렐은 이 책이 나올 수 있도록 뒤에서 여러 가지를 신경 써 주었고 Tor.com의 여러 회원들은 집 주변을 도는 첫 번째 장면에 대한 아이디어를 내 주었다. 올랜도 도스 레이스(편집), 패멀라 노타란토니오와 채드 W. 페커먼(디자인), 찰스 코흐먼(편집), 젠 그레이엄과 레일리 클레인버그(편집장), 그리고 엘리자베스 페스킨과 앨리슨 제르베스(제작) 등 에이브럼스 출판사의 사람들에게도 감사를 전한다.

이 책을 읽기 전에

컴퓨터는 특이한 도구입니다. 다른 도구와는 다릅니다. 컴퓨터를 사용하려면 근육이 아니라 언어가 필요하기 때문입니다. 컴퓨터에게 일을 시키려면 글을 써야 합니다. 쓴 글을 컴퓨터에 실으면, 컴퓨터는 그 글이 표현한 할 일을 그대로 해 갑니다. 그런 글을 소프트웨어라고 합니다. 반면에 다른 도구들은 어떻던가요? 예를 들어, 칼이나 지우개요. 근육을 쓰지 글을 쓰진 않지요. 글로 부리는 도구 컴퓨터. 그래서 컴퓨터를 '마음의 도구'라고도 합니다.

그래서 만능의 도구입니다. 컴퓨터 하나로 할 수 있는 게 무궁무진하기 때문입니다. 이런 글을 실으면 이렇게, 저런 글을 실으면 저렇게, 컴퓨터는 그 글에 적힌 대로 다양한 일을 해줍니다. 한이 없어 보입니다. 끊임없이 새로운 문학작품이 출현해서 우리를 사로잡듯이, 끊임없이 새로운 글이 출현해서 컴퓨터를 이렇게 저렇게 부립니다.

컴퓨터의 원천 설계도를 그린 24세의 청년

그렇다면 이런 놀라운 도구를 발명한 사람은 누구일까요? 대학을 갓 졸업한 24세의 청년이었습니다. 이 책이 그리는 앨런 튜링(Alan Turing)이라는 사람입니다. 젊은 시절이었지요. 그 때 쓴 논문에 컴퓨터의 원천 설계도가 드러나 있습니다. 그 논문이 컴퓨터의 원조논문인 셈입니다.

얼핏 이런 생각이 들 겁니다. 혹시 천재 아닐까? 겨우 학부를 졸업한 24살 애송이가 인류가 경험하지 못했던 컴퓨터라는 특이한 도구를 디자인했다고? 매스컴은 흔히 '천재'라는 말로 간편하게 넘어가거나 홍보합니다.

하지만 겁먹지 마세요. 튜링의 1936년 논문이 나오기까지의 전말을 살펴보면, 튜링은 천재라기보다는 우리 주변에서도 만날 수 있는 우수한 인재 정도였을 뿐입니다. 주변의 모두가 돕고 소중히 여긴, 자의식 넘친 우등생의 리포트 정도라고 할까요. 그 논문에서 튜링 청년이 사용한 증명기술들은 모두 수업에서 배운 것들이었습니다. 당시의 수학계를 휩쓴 센세이션을 학생들에게 자세히 강의해 준 선생님. 그 강의를 들으면서 나도 그 정도 증명쯤은 할 수 있으리라는 자의식이 있었던 학생. 좀 더 손에 잡히는 모습으로 같은 결과를 색다르게 밟아간 줏대 있는 행보. 이 과정에서 소품으로 등장한 컴퓨터의 원천 설계도. 이 색다른 방식의 증명을 지나치지 않고 소중히 기록으로 남기게 도와준 선생님. 튜링 청년이 그린 컴퓨터의 원천 설계도는 이렇게 소박한 계기로 출발했고, 여러 도움이 뒷받침되어 드러난 아이디어였습니다. 하늘이 낸 천재의 범접못할 성과는 아닙니다.

1936년, 손기정 선수가 베를린올림픽 마라톤에서 우승하던 바로 그해였습니다. 마라톤 경기(8월 9일)를 두 달 정도 앞둔 5월 28일, 손기정 선수와 동갑내기인 앨런 튜링이라는 청년이 런던수리학회에 논문을 하나 제출합니다. 제목은 〈계산가능한 수에 대해서, 수리명제 자동생성 문제에 응용하면서(On Computable Numbers, with an Application to the Entscheidungsproblem)〉였습니다.

이 논문에서 튜링은 컴퓨터의 설계도를 최초로 선보입니다. 이 때 튜링은 2년 전 케임브리지 대학 수학 학부과정을 마친 24세의 청년이었습니다.

그런데 제목이 좀 이상하죠? 컴퓨터와 전혀 관계없어 보이죠? 사실 위 논문은 "이러한 특이한 도구를 디자인 했으니 보라"고 주장한 논문은 아닙니다. 위 논문은 그 당시 수학계에 내려친 청천벽력을 수업에서 배운 튜링 청년이 똑같은 사실을 다른 방식으로 새롭게 증명해 본 것입니다. 그런데 이 논문에서 컴퓨터의 원천 설계도가 슬그머니 드러납니다. 아이러니하지요. 좌절을 다시 확인하는 논문 속에, 인류의 정보혁명을 이끌 도구의 원천 설계도가 주요 소품으로 등장했던 것입니다.

수학자들의 일을 대신 하는 기계는 가능할까?

튜링 청년이 다시 증명해본 수학계에 내리친 좌절은 쿠르트 괴델(Kurt Gödel)이 1931년에 증명한 다음의 사실이었습니다. "자동으로 수학의 모든 사실들을 만들 수는 없다."

괴델이 해낸 이 증명의 배경은 1928년으로 살짝 거슬러 올라갑니다. 1928년에 대담한 꿈이 유럽 수학계에 번지기 시작합니다. 당대 선두의 수학자였던 다비드 힐베르트(David Hilbert)가 독려한 꿈이었습니다.

힐베르트의 생각은 이랬습니다. 수학자들이 해왔던 작업 과정을 보아하니, 모든 과정을 자동으로 할 수 있을 것 같다. 자동장치를 만들어서 돌리기만 하면, 수학자들이 애써서 찾아내는 사실들(예를 들어, 근의 공식 같은 사실들)이 모두 자동으로 술술 만들어질 것 같다. 우리 주변에서 흔히 보는 기계를 상상하면 됩니다. 톱니바퀴와 스프링, 파이프, 철사, 실, 종이, 연필 등으로 만들 수 있는 기계.

하지만 이 꿈은 3년 만에 산산이 부서집니다. 괴델이라는 25세의 신참 수학자였습니다. 괴델은 그 꿈은 절대 이루어질 수 없다고 증명해버립니다. 아무리 정교하게 자동기계를 만들어도수학의 모든 사실을 샅샅이 뱉어내게 만들 수는 없다는 것입니다. 이 증명의 내용이 1935년 튜링을 만납니다. 그가 학부를 졸업한 후 수강한 강의를 통해서였는데, 38세의 수학과 교수 맥스 뉴먼(Max Newman)이 개설한 강의였습니다. 강의내용은 괴델의 증명을 하나하나 따라가 보는 것이었습니다.

튜링 청년은 그 강의를 들으면서, 괴델 형님(튜링보다 여섯 살 위)과 한번 겨루고 싶은 마음이 일었을 것입니다. 커다란 센세이션을 일으킨 증명이었으니, 공부 좀 한다는 학생이라면 그 증명을 배우고 나면 나도 할 수 있겠다는 배짱이 슬금슬금 올라오지 않았을까요?

어쨌든 튜링은 괴델의 증명을 자기만의 스타일로 다시 증명해 봅니다. 이 증명이 위에 소개한 1936년의 논문입니다.

보편만능 기계의 탄생

튜링은 논문에서 "자동 기계장치"란 무엇인지를 우선 정의합니다. 기계장치? 그런 애매한 대상을 어떻게 정의할까요? 단도직입적이고 손에 잡히는 모습으로 정의합니다. "다음과 같은 네 가지 부품들만으로 만들 수 있는 것을 기계장치라고 정의하겠습니다. 네 가지 부품들은…" 이렇게 정의해갑니다. 그리고 그렇게 정의하면 충분하다고 설득합니다. 상상할 수 있는 모든 자동 기계는 그런 부품으로 만들 수 있다고 말이죠.

그리고는 그 부품들로 아무리 기계를 잘 만들어도 수학의 모든 사실들을 뱉어내는 기계는 불가능하다고 증명합니다.

이 증명에서 중요한 소품이 등장합니다. 정해진 기계부품만으로 만든 기계지만 조금 특이한 작동을 하는 기계였습니다. 이 특이한 기계는 입력으로 받는 것부터 특이합니다. 글로 표현된 기계장치를 입력으로 받습니다. 글로 표현한 기계장치라고요? 얼핏 묘하다고 생각할 수 있지만 전혀 신기한 이야기가 아닙니다. 우리는 일상에서 뭐든 늘 글로 표현할 수 있지 않던가요? 24개 한글 심벌이면 충분합니다. 기계장치라는 드라이한 것이라면 더더욱 애매하지 않게 정확히 표현할 수 있습니다. 더군다나 그 글은 딱 짜여진 제한된 형식만으로 충분합니다. 표현하려는 기계장치들이란게 튜링 청년이 정의한 네 가지 부품들로 만들어진 것들이기 때문입니다.

비유를 하자면 청량음료 영양성분표와 같습니다. 영양성분표는 일정한 형식과 특정한 단어로 다양한 음료를 정확히 표현합니다. 표현할 것은 미리 정해져 있기 때문입니다. 정해진 영양소중에서 해당하는 영양소의 정해진 내용(일일 권장섭취량 기준 비율)뿐입니다. 기계는 뭐가 되었든 튜링 청년이 정의한 네 가지 부품만으로 만든 것입니다. 미리 정해진 부품들입니다. 따라서 기계를 글로 표현할 때, 정해진 형식으로 제한된 단어만 사용해서 정확히 표현할 수 있다는 것이 이해가 갈 것입니다.

그런 입력을 받아서 그 기계가 하는 일이 뭐냐고요? 글자들로 입력받은 기계장치를 그대로 따라하는 것입니다. 이게 어떻게 가능할까요? 마술은 없습니다. 다음과 같은 상식적인 이유 때문입니다. 정해진 형식의 제한된 단어들로 표현된 기계장치를 입력으로 받으므로 입력을 알아보는 것도 일정한 방식으로 할 수 있을 겁니다. 즉, 입력으로 받은 기계장치를 기계적으로 알아볼 수 있다는 뜻입니다. 그렇다면, 글자들로 입력받은 기계장치가 하는 일을 그대로 따라 하는 것도 가능할 것입니다.

비유로 다시 청량음료 영양성분표를 생각해봅시다. 영양성분표를 알아보는 데는 단순한(기계적인) 국어 실력이면 충분합니다. 미리 정해진 내용과 형식, 문장으로 되어 있기 때문입니다. 그리고, 입력으로 들어온 영양성분표와 같은 성분의 음료를 그대로 따라 만드는 것이 가능합니다. 이때도 단순한(기계적인) 작업으로 충분합니다. 어떤 영양성분표를 만나도 표에 명시된 영양소들을 비율대로 섞기만 하면 되죠. 영양성분표에 명시하기로 정한 영양소들을 모두 창고에 가지고 있으면 됩니다. 따라서, 제한된 형식으로 서술된 기계를 입력으로 받아서 그 기계를 따라하는 과정이 기계적으로(단순작업으로) 가능하리라는 것은 어느 정도 충분히 눈치챌 수 있을 것입니다.

기계를 입력으로 받아서 그 기계가 하는 일을 고스란히 따라하는 기계. 이런 특이한 기계를 그래서 튜링 청년은 '보편만능의 기계(universal machine)'라고 이름붙입니다. 임의의 기계를 입력으로 받아서 그 기계가 할 일을 그대로 해주는 기계이기 때문입니다.

바로 이 보편만능의 기계가 컴퓨터의 원천 설계도입니다. 기계(소프트웨어)를 글로 표현해서 넣어주면 그 기계가 하는 일을 따라해 주는 기계(컴퓨터). 소프트웨어를 넣어주면 그 소프트웨어대로 일을 하는 보편만능의 도구. 바로 오늘날 우리가 컴퓨터라고 부르는 도구인 겁니다. 튜링 청년이 이 도구를 이용해서 어떻게 그 증명의 협곡을 통과했는지를 여기서 이야기할 필요는 없을 듯합니다. 이 책에서는 그 과정의 얼개만 살짝 스치고 넘어갑니다. 증명 내용을 더 자세히 알고 싶은 독자에게는 《컴퓨터과학이 여는 세계》(이광근, 2015)를 추천합니다.

튜링의 1936년 논문 이후와 미래

튜링의 업적은 이 1936년 논문에만 머물지 않습니다. 개념으로만 정의한 보편만능의 기계를 실제 컴퓨터로 만들어내는 프로젝트에도 참여했고, 암호해독 계산기를 만들어서 제2차 세계대전 연합군의 승리에도 공헌했습니다. 또, 동물들의 얼룩무늬가 어떻게 만들어 질 수 있는지 수학 공식을 찾아낸 논문도 있습니다.

튜링은 또 인공지능과 기계학습을 처음으로 생각한 사람이기도 합니다. 1950년에 발표한 논문에서입니다. 기계가 사람의 지능까지 흉내 내는 인공지능을 이야기하고 기계학습까지도 상상한 논문입니다. 튜링의 이야기를 다룬 〈이미테이션 게임(Imitation Game)〉이라는 영화가 있었죠? 이 논문의 1절 제목에서 따온 것입니다. 이 논문을 보면 튜링은 신통한 점쟁이이기도 합니다. 튜링은 컴퓨터가 인간의 지능과 결국 경쟁할 거라고 예상합니다. 6~70년 이 지난 지금 그 예언대로 컴퓨터가 우리의 지능을 구석구석에서 능가하고 있습니다.

지금은 19세기 산업혁명 때와 유사합니다. 기계들이 인간의 근육을 능가하면서 우리를 압도했던 시절이었죠. 지금은 마음의 도구가 인간의 지능을 능가하고 있습니다. 우리가 늘 그랬듯이, 우리는 이번에도 지능적인 기계와 팀이 되어 예전엔 상상 못했던 일들을 성취하면서 네 번째 산업혁명을 연출해 갈 것입니다.

제 해설이 좀 길어진 것 같습니다. 이제 이 모든 것의 초석을 놓은 튜링의 일생을 살펴보시기 바랍니다.

이광근(서울대 컴퓨터공학부 교수)

• 일러두기

※는 저자 주, *는 편집자 주입니다.

0100100100100000011100000111001001
1011110111000001101111011100110110010
100100000011101000110111100100000011
00011011011110110111001110011011010
0101100100011001010111001000100000
011101000110100001100101001000000
1110001011101010110010101110011011
1010001101001011011110110111000101
000**UNIVERSAL**0001001000101000011011
00001011011100010000001101101011000
01011000110110100001101001011011
10011001010111001100100000011101001
0100001101001011011100110101100111
1111001001000100000001**COMPUTING**0
100001101001011100110010000001110011
011010000110111101110101011011000110
0100010000001100010011001010110
01110110100101101110001000000111011
10110100101110100011010000010000
001100100011001010110011001101001011
0111001101001011101000110100101101111
011011100111001100100000011011110110
01100010000001110100011010000110010
100100000011011010110010101100001011
0111001101001011011100110011100100000
011011110110011000100000011101000110
100001100101001000000011101000110010

1001001110000011100000010010010010

0100110110011101111011000001110111101

1100000001001111011000101110000001001

01011011001 0111101101 1000

0000010001 011000100110 10

000000100101001100001011000101110

1101100111010100110101011101000111

10100011101101 01001011000101

1101100001010001001000LASREVINU000

0001101011011000000010001110110100 00

1101101001011000010110110001101 0

1001011100 11101010011001

111001101010 010010110000 10

0GNITUPMOC1000000010001001001111

1100111000000001001100111010010110 0001

0110001101101010111011110110000101 10

011010100110010001 001000 10

1101110000000100011 1011011 0

0000100000010110001011101001011 01

110100101100110010101001100010011 00

1111011010010110001011101001011 00111 0

0110111101100000001001100111001110110

010011000010110001 01000110

1101000011010100110101101100000010 01

000001001110011001110110100101100111 0

0110001011100000001000110011011110110

010011000101110000000100101001100001

이 게임은 세 사람에 의해 진행된다. 먼저 남자 한 명과…

여자 한 명…

그리고 이 두 사람과 떨어진 방에 앉은 심판 한 사람이다.

어떤 집의 방이냐고?

원하는 대로 상상하라.

헉 헉
헉
헉 헉

그럼요,
그 아이 소리가
들렸죠.
꽤
요란스러웠으니까요.
벌칙 달리기로군!
하하!
헉
무슨 일이었는지 자세히
말씀해주시겠어요?
무, 무엇을
말인가요?
누구?
아, 그 아이가 달려왔던 것
말이군요. 앨런은 언제나
게임을 좋아했죠.
그 게임은 앨런이
좋아하는 두 가지를
합친 거였어요.
자! 이제
네가 뛰어.

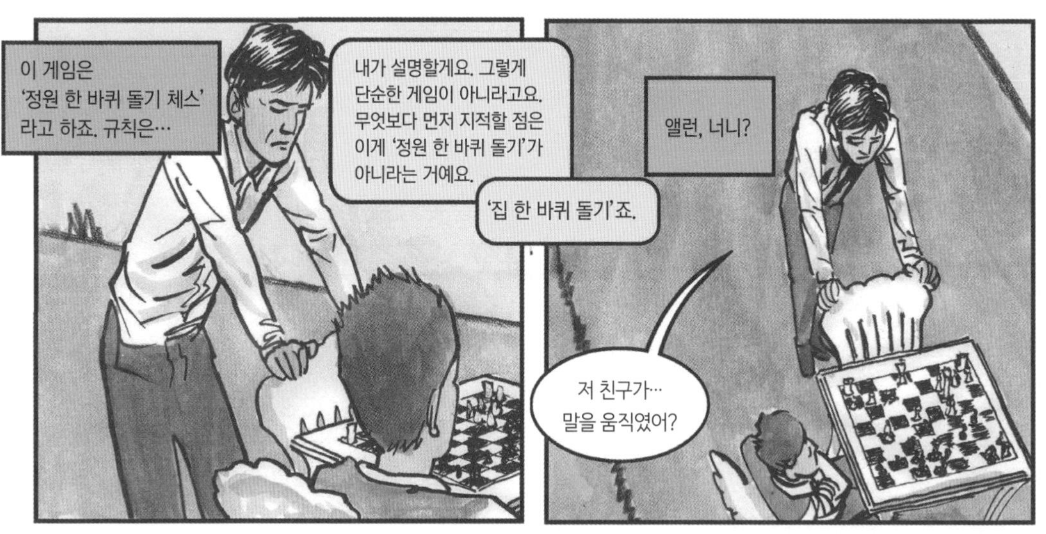
이 게임은
'정원 한 바퀴 돌기 체스'
라고 하죠. 규칙은…
내가 설명할게요. 그렇게
단순한 게임이 아니라고요.
무엇보다 먼저 지적할 점은
이게 '정원 한 바퀴 돌기'가
아니라는 거예요.
'집 한 바퀴 돌기'죠.
앨런, 너니?
저 친구가…
말을 움직였어?

네가 알아내야지.
후… 움직이지
않은 것 같군.
정말로. 하지만 퀸을 G5로
옮길지, 비숍을 C5로 옮길지
고민했던 것 같아.
헉

그건 평범한 체스 게임을
하면서 달리기하는 거였어.
말을 옮긴 다음 집을
한 바퀴 돌지.

만약 상대방이 한 바퀴 뛰고
돌아올 때까지 말을 움직이지
못하면, 자기 차례를 빼앗기고
집을 한 바퀴 돌아야 해요.

와! 들어오고 있어,
들어온다고!

*헤이즐허스트예비학교(Hazelhurst Preparatory School): 예비학교는 국가에 따라 그 종류가 다른데, 영국에서는 6~14세의 학생을 수용하는 초등학교에 해당한다.

사실…
…축구장에서 열심히 뛰었던 건
아니었어요. 엄마도 알겠지만,
결코 좋은 수비수는 아니었죠.
축구가 익숙하지 않았고, 공을 향해
제대로 돌진하지 못했어요.
택

대신에 나는 심판
역할을 좋아했죠.

θ
공이 선 밖으로 나가는
각도를 계산하면 정확하게
판정을 내릴 수 있죠.

정확함은 정말 중요해요!
그러면 사람들이 진가를
알아보죠.
튜링은 축구장
터치라인의 기하학 문제에
정말 뛰어나요.

고, 고마워요.
정말로요!

튜링은 학교 성적도 무척 좋았죠. 과목 몇 개만 그랬지만요.
그래요, 앨런의 성적은 칭찬할 만합니다. 특히 수학 성적이 대단하죠.
하지만 앨런은 고급 수학을 공부한답시고 다른 공부를 챙기지 못해요.
기초적인 공부 말입니다.

대학에 들어가려면 기초 수학 말고도 다른 과목들을 잘 익혀야 해요.

음, 앨런은 언제나 수학과 과학이 특기였어요. 이 아이가 처음 썼던 글이 아직도 생각나네요.
엄, 엄마. 괜찮아요.

제목이 '현미경에 대해' 였답니다. 저는 아직도 그 글 전체가 기억나요. "맨 처음 알아둬야 할 사실은 '빛'이 '재대로' 들어가야 한다는 점이다."라고 시작했죠.
'빛'과 '제대로'인데, 맞춤법이 틀렸었죠. 정말 귀엽지 않나요!
…

그렇습니다. 잉크 자국이 여기저기 얼룩덜룩 번진 과제물이었죠. 앨런이 어떻게 숙제를 제출하는지는 잘 압니다.
그건 제 만, 만년필에서 잉크가 샜기 때문이에요. 제가 만, 만든 잉크 자체는 꽤 괜찮아요.
그만하렴.

아버님, 어머님. 앨런은 모든 과목을 골고루 끌어올려야 합니다.
물론이죠, 교장 선생님. 우리가 가서 지도하겠습니다.

*양조(釀造): 미생물의 발효시켜 주류(酒類)나 된장·간장·식초 등을 제조하는 일

중독은 아니었어요.
매혹된 거였죠. 수학과 과학은 철자법이나 문법처럼 제멋대로이지 않거든요.
하지만 그렇다고 해서 놀라운 점이 없다는 건 아니죠.

예컨대 화학에서는 단순히 한 가지 성분으로 구성된 물질이 없죠. 가치가 별로 없는 것에서도 쓸모 있는 성분을 뽑아낼 수 있어요.

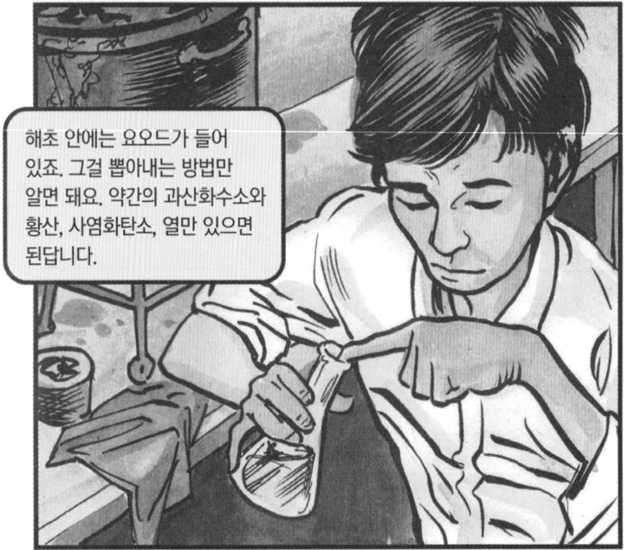
해초 안에는 요오드가 들어 있죠. 그걸 뽑아내는 방법만 알면 돼요. 약간의 과산화수소와 황산, 사염화탄소, 열만 있으면 된답니다.

*셔번학교(Sherborne School) : 영국의 명문 사립학교

그 애도 학교에
큰 인상을
남겼지만요.
저는
튜링이에요.
대체… 어디서부터
자전거를 타고 온 거냐,
얘야?
사우샘프턴이요.

말도 안 돼.
그곳은 90킬로미터도 넘게
떨어져 있는걸. 게다가 어제 네
어머니가 옷 꾸러미와 같이 보낸
편지를 보면 너는 어제
출발했다고 하던데.
네, 맞, 맞아요.
그만큼 달려왔죠.

1학년을 마친 뒤에
사감 선생은 앨런의 이런
맥 빠진 반응에 대해
이렇게 얘기했죠.

…어쨌든 그 애는
여기까지 자전거를
타고 왔어요.
약간 자기 몸을
학대하는 것처럼 보여요.
확실히 '정상적인' 소년은
아닙니다.
그게 그렇게 나쁜 것은
아닐 수도 있죠. 하지만 뭐랄까,
덜 행복해 보입니다.

나는 여기에 동의할 수 없어요.
앨런은 행복하지 않다거나 반사회적인
성격이 아니었죠. 단순히 사회성이
없었던 것뿐이었어요.
그럴 수도 있죠.
그렇다면 그 학교에서
뭐가 나아졌다는 건가요?
어쨌든 앨런은 수학 과목에서 상을 탔죠!
특정 대상에만 집중했던 거예요.
랜돌프 대령님, 이건 꼭
말씀드려야겠네요. 튜링의
과제물은 엉망진창입니다.
유급시켜야 해요.
말도 안 돼요.
저 아이는 천재이니
진급시켜야
합니다.

튜링.
네가 제출한 과제물을 설명해보겠니?
…
네, 선생님. 그러죠.

…하지만 튜링이 설명을 제대로 했는지는 확실하지 않아요. 이 애가 했던 말이라고는 "이렇게 하는 게 맞잖아요. 그렇죠?" 뿐이니까요.
그래서 나는 양쪽 다 만족스러운 절충안을 내놨어요. 튜링을 유급시키지도, 진급시키지도 않는 거죠.

제 남편이 앨런의 성적표를 보기 전에 《타임스(The Times)》를 읽고, 아침식사를 마친 뒤 파이프 담배까지 몇 모금 빠끔거리면서 뜸을 들였던 건, 이런 일 때문에 속이 상해서였을 거예요.
하지만 그래도 앨런은 학교생활에 마음 둘 곳이 생겼잖아요. 언제, 왜 일어나는지는 확실히 모르지만 충분히 일어날 수 있는 일이죠.

나는 셔번학교에 도착하고
얼마 안 돼서 그 선배의
존재를 알게 됐어요.
하지만 선배랑 알고 지낼 기회는
오지 않았어요. 꽤 오래 걸렸죠.

아, 안녕하세요.

나, 나, 난 튜링이라고 해요.
물론 너에 대해 잘 알지. 자전거를 잘 타고, 수학 도사잖아. 맞지? 너랑 알고 지내게 되어 반갑다. 난 크리스 모컴이야.
그렇죠. 아, 아니 내 말은 선배 이름을 이미 안다고요.

마침내 말을 트고 나니 모컴과 나는 이미 오래전부터 알던 사이 같았어요. 무척 편안했어요.
하하 하 하하 하 하하하하 하하 하 하

세상에, 튜링. 네가 웃을 줄도 알았어? 네가 재밌어하는 농담을 알아둬야겠는걸.

둘은 얼마나 친해 보였나요?
많이 친했죠. 앨런은 그 친구 얘기만 했으니까요.

내 연구실에 가야겠어요. 모컴이란 친구한테서 막 편지를 받았거든요.
누구라고?
앨런?

우리는 많은 것을 열정적으로 함께했죠.

우리는 수학, 화학, 천문학에
대해 진지한 얘기를 나눴어요.

크리스는 날카롭고 주의
깊게 사물을 관찰했죠.

우리는 각자 별을
관찰한 내용을 편지로
서로 비교했어요.

실험 결과도 서로 비교했죠.
크리스는 편지를 정성껏 써 줬어요.
나는 그때 선배의 편지를 모두 갖고 있죠.

앨런은 크리스와 보냈던 시간이
인생 최고의 나날이라고 말했죠.
연도는 잘 기억나지 않지만…
내 인생 최고의 한 주는 바로
1929년 12월 9일부터였어요.
나는 케임브리지대학에 장학금을
신청하려고 시험을 보러 갔죠.
크리스와 함께요.

뎅그렁
이 사람들은 뭐하는 걸까요?
'정원 달리기'를 하는 것 같아. 히틀리라는 친구에게서 들었어.
열두 시 종이 다 치기 전에 정원을 한 바퀴 도는 거지.
뎅그렁
거, 거의 360미터나 달려야 하는데도!
시, 시간은 45초뿐이겠네요.
뎅그렁

어쨌든 우린 이따가 히틀리를 만나야 해. 날씨가 좋으면 천문대를 보여주겠다고 했거든.
뎅그렁

그날 우리는 트리니티칼리지 (Trinity College)에서 식사했죠.

카드놀이를 온종일 하다 보니 통행금지 시간이 넘어버렸죠.

우리는 영화관까지 갔어요. 크리스가 표값을 냈죠!
ALL-TALK
아직 들어가기는 어쩐지 아쉽네. 천문대에 가자.

싫어. 우리는 술집을 찾을 거야.

그럼 우린 따로 가자.
걔들은 신경 쓰지 마. 자, 가자.

음, 날씨가 좋으면 오라고 했잖아요.
날씨가 좋다는 개념이 다를 수도 있잖아.

거기 조용히 좀 해.
밤 열두 시잖아!
이 미친 녀석들아!

좀 쉬어야겠다.
내일 시험이
있으니까.
아침에 보자,
튜링.

그리고 미적분을 풀 때
보통 쓰는 기호를 쓰도록 해.
너만 아는 기호를 쓰면 아무도
알아보지 못하니까.
고, 고마워요.
꼭 기억할게요.
잘 자요.

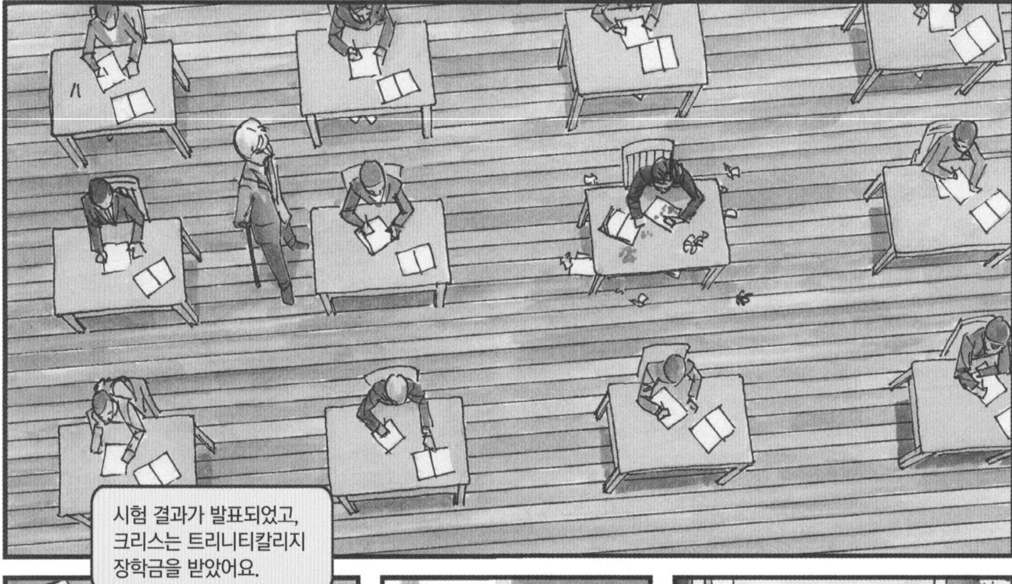

시험 결과가 발표되었고,
크리스는 트리니티칼리지
장학금을 받았어요.

하지만 난
떨어졌죠.
그래도 크리스는 나에게
정성껏 편지를 써줬어요.
언젠가 이 학교에 같이 다닐 수
있기를 바란다고 말했죠.

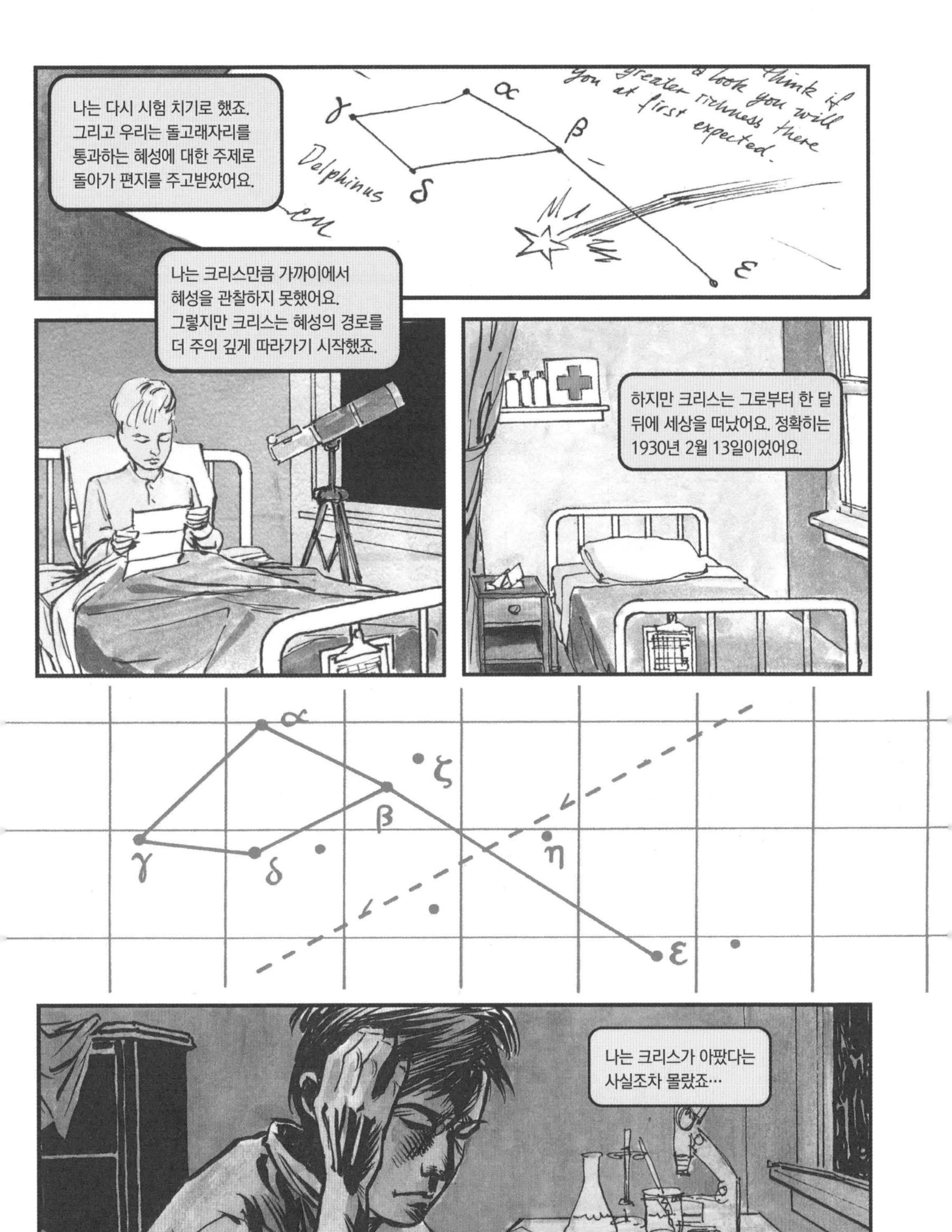
나는 다시 시험 치기로 했죠. 그리고 우리는 돌고래자리를 통과하는 혜성에 대한 주제로 돌아가 편지를 주고받았어요.
Delphinus
나는 크리스만큼 가까이에서 혜성을 관찰하지 못했어요. 그렇지만 크리스는 혜성의 경로를 더 주의 깊게 따라가기 시작했죠.
하지만 크리스는 그로부터 한 달 뒤에 세상을 떠났어요. 정확히는 1930년 2월 13일이었어요.
나는 크리스가 아팠다는 사실조차 몰랐죠…

이제 나는 크리스를 실망시키지 않으려면 혼자서 잘해나가야 해요. 그렇게 흥미가 없는 게 아니라면, 가능한 한 많은 에너지를 들여서… 마치 그가…

크리스의 가족은
그게 어떤 의미를
가졌는지 잘 알지
못했어요.
나는 크리스의 어머니와
함께 그가 수학으로 받은
상과 상품으로 받은
책들을 찾아냈어요.
나도 그 상을 두 번 탔었죠.
그래서 난 크리스가 남긴
수학 퀴즈와 글 모음을
가져왔어요.

거기에는 기하학, 체스 퍼즐,
미로, 계산 기계, 실뜨기,
점성술, 초공간에 대한 좋은
정보가 실려 있었죠.

내용도 풍부했고 모든 게
굉장히 흥미로웠어요.
그리고 그것들을 생각하다가…
생각이 지나치게 많아질 때면
나는 달리기를 하러 갔죠.

마음을 조금이나마
가라앉히기
위해서였어요.

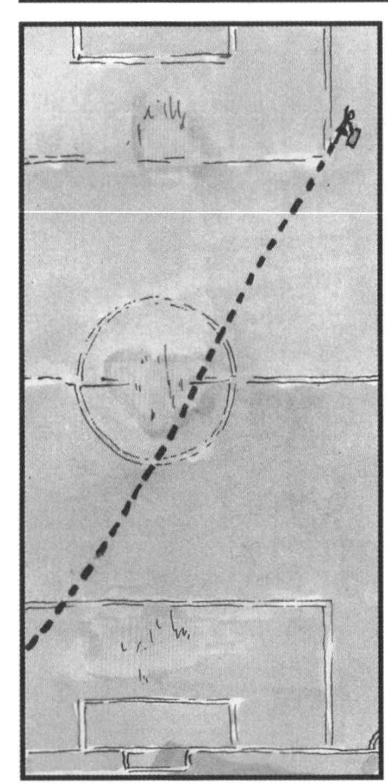

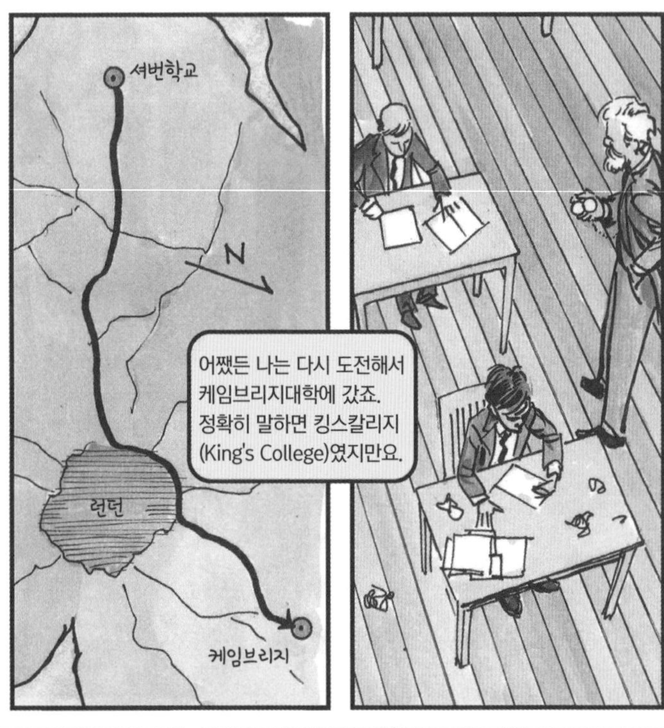
셔번학교
N
어쨌든 나는 다시 도전해서
케임브리지대학에 갔죠.
정확히 말하면 킹스칼리지
(King's College)였지만요.
런던
케임브리지

그렇게 그 애는
떠났어요.

앨런은 훌륭한 학생이 되었어요.
운동도 열심히 했고요. 킹스칼리지에서
그 두 가지를 동시에 해내는 학생은
아주 드물었어요. 달리기 말고도
앨런은 보트를 타기도 했죠.
거기서도 친구를 많이
사귀었던 것 같아요.
쾅쾅쾅
끼이이익
이봐, 지금 몇 시인지 알아!
어이, 조용히
좀 하지?

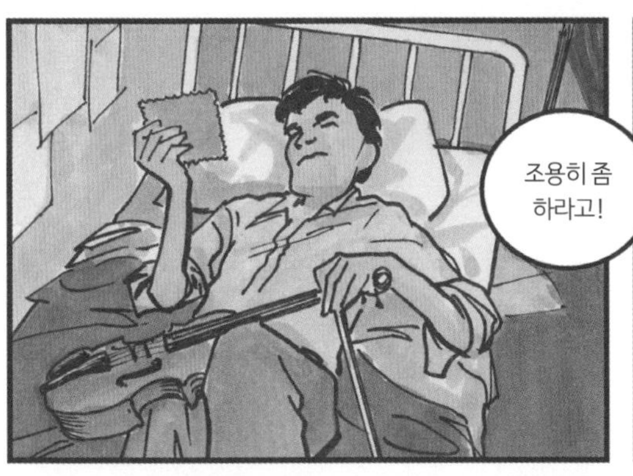
조용히 좀
하라고!

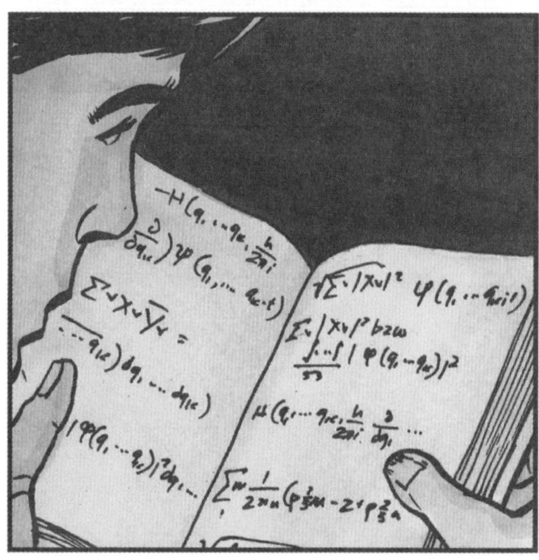

*Mathematische Grundlagen der Quantenmechanik

마침내 난 논리학을
좋아하기로 마음먹었죠.

앨런은 놀라울 정도로
편지를 많이 썼죠.
끊임없이 편지를
보냈으니까요.

비어가르텐
앨런은 독일로 여행을
간다고 전해왔어요.

아마도 조정 경기가
있었겠죠. 일행 중
앨런만 독일어를 할 줄
알아서 그에게 모든 걸
맡겼으니까요!

내 독일어 실력은 전혀
능통하지 못했어요.

나는 독일어를 거의 책으로 읽어서 배웠으니까요. 사실 그 절반은 폰 노이만의 책을 통해서였죠.
튜링, 이렇게 하면 표를 제대로 끊은 걸까?

음, 당연하지, 챔프. 나는 수학책을 보고 독일어를 배웠잖아.

Ost-NIEplatz
우리는 그래도 우여곡절 끝에 숙소에 도착했죠.

그리고 거기서부터는 친구 데이비드가 많은 것을 도와줬어요. 그 역시 수학자죠.
앨런은 편지에서 그를 '챔프'라고 불렀죠.

넌 어디서부터
시작한 거야?
모컴이지.

이제 좀
널 챙겨.
모컴이 상으로
받은 이 책이지.

넌 너에게 더
집중해야 해.
나, 나, 나는
나에게 더
집중해야 해.

나는 더 집중해야 해.
밖에 좀
조용히 해!
나는 더 집중해야 해.

나는 더 집중해야 해.
나는 더 집중해야 해.

나는 더 집중해야…

그래서 앨런이 성공한 것 같나요?
무엇에 대해서요?
음, 예컨대 다른 친구를 사귀는 데요.
오, 그건 나도 잘 모르죠.
물론 평생 가까이 지냈던 챔프가 있죠. 해리슨이라는 사람도 있었고요. 그리고 프레드 클레이번도 있었죠. 내가 알기론 그게 전부예요.

헉
제임스?

튜링이군. 너일 거라고 생각했어.
으응. 헉! 내, 내가 아니면 또 누구겠어?

하긴 너를 못 알아보는 것도 힘들지. 그런데 세상에! 술 냄새가 진동하는군. 알코올을 땀처럼 흘리는 것 같아.
정말? 걱정하지 마. 나는 괜찮으니까.

그리고 이 경주는 나에게 좋은 운동이야.

경주라고?
그래. 일종의 장애물 달리기 경주야. 어젯밤 일은 좀 잊어줘.
그리고 미안한데 제임스, 난 갈 길이 바빠! 저기 우더슨과 나머지 무리가 오고 있어.
우더슨? 그 친구는 벌써 앞질러 갔는걸.
좋아, 그럼 어서 가!
찰싹
오늘 밤 보는 거지?
그래!
하지만 그 전에 씻고 만나자고!

아니, 샤워는 두 번 하는 게 좋겠어!

'샤워는 두 번'이라니 말도 안 되는 소리.

샤 워 장

음, 샤워를 한 것 같지는…
…

음, 샤워를
한 번은 했군.
알아봐 줘서
고마워. 이봐! 지금은
그러지 말라고.
왜 그래, 그냥 챔프랑
새로운 여자 친구를 만나는
자리일 뿐이잖아.

앨런, 제임스,
당신 둘을 드디어 만나게
되어서 반가웠어요.
수업 시간에
보자!

내일 만날 수 있을까?

굳이 약속하지
않아도 내일은 뉴먼 교수
수업이잖아.
하지만 그 다음에는
어떻게 할까? 과제를 하는 데
도움이 좀 필요한 사람이
있는 것 같은데, 앨런.

네 과외
선생이 되다니
기뻐.

그래, 그런 것 같군.
나중에 보자. 나는 음…
수학이 좀 부족해.

좋아! 그럼 내일 보자.
음, 오늘밤도 좀 시간이 있어. 집까지 데려다 줄래?
미안하지만 뭐라고 했죠?

난 그 애의 친구들 이름을 기억해 보려던 중이었어요. 꽤 친구가 많았지만 그 편지들을 들여다봐야 이름이 생각나겠네요.
당신은 그가 그런 사람이었다는 걸 알고…

그 애가 달리기를 잘했다는 거요? 음, 그건 당연히 알고 있죠.
아뇨, 제 말은…

아, 그 애가 수학 천재였다는 사실요? 당연히 알죠. 앨런은 수학밖에 몰랐어요. 미술이나 문학에는 흥미를 느끼지 못했죠.

물론 우리는 그 애가 흥미를 느끼게 하려고 노력했어요. 골고루 교육을 받아야 하니까요. 그래서 그 애 아빠는 셰익스피어를 읽으라고 했지만 앨런은 진절머리를 쳤죠.
그래서 이 작품을 어떻게 생각하니? 꽤 비극적인 이야기지?
아, 정확한 얘기는 아니네요. 앨런은 〈햄릿〉은 좋아했어요.
HAMLET

극 속에 또 극이 있어.
또 이 독백은…
음, 이 작품에서 마음에
드는 건 한 줄뿐이에요.
마지막 문장이요.
HAMLET

"시체들을 운반하며
퇴장하다."
Act III
Scene 1

물론 앨런은 대학에서 전문적인 공부를 했죠. 그건 잘된
일이었어요. 공부를 퍽 잘했던 앨런을 보며 셔번학교의 학생들은
앨런이 졸업할 때쯤 장난삼아 짤막한 노래를 지어 주었죠.
누군가는 이렇게 말했죠.
"튜링이 그렇게 어린 나이에
과외 선생이 되었다니 매력적인
사람이었던 게 분명하다."

'매력적인'이라니
믿겨지지가 않죠?
하지만 앨런이
과외 선생을 했던 건
사실이에요. 그래서 1년에
200파운드의 급료를
받았죠.

흠, 그럼 다시 묻겠습니다.
혹시 앨런이 그런 사람…
이었다는 증거는…?
오, 아니에요. 앨런은 너무 바빠서
여학생들에게 관심을 가질 겨를이
없었어요. 앨런이 매혹된 대상은
수학이었답니다.
앨런이 무척 관심을 가졌던
주제가 뭐였더라, 아인…?

'아인퉁 문제'인가…
그랬을 거예요.

*Entscheidungsproblem

**고트프리트 라이프니츠(Gottfried Wilhelm von Leibniz): 미적분법을 창시한 17세기 독일의 수학자이자 철학자

불완전성과 무모순성에 대한
쿠르트 괴델의 작업은 확실히
이 문제와 관련되어 있죠.
불완전성 정리
완전한 계(系)란 참인
문장이 증명되고, 거짓인
문장이 부정되는 계죠.
이건 누구나 다 알 거예요.
튜링= 어린 나이에 강사가 됨 : 참
튜링=매력적임 : 거짓
그리고 무모순적인 계란
타당한 증거로부터
거짓 문장이 비롯하지
않는 그런 계를 말하죠.
'어린 나이에
강사가 됨'은
튜링이(=)
'매력적임'을
함축합니다.
하지만
튜링은
매력적이지
않죠(≠)
따라서…
괴델은 어떤 무모순적인 계도
완전할 수 없다는 사실을…
보여주었죠.
모순
계
튜링(매력적임+어린 나이에 강사가 됨)=
이런, 네가 좀
엉뚱하다고 알고 있었지만
정말이었군.
핫하 하 하
하 하 하
타, 타당하고
충분한 증명
말이야.
하지만 뭐든
증명이 필요한
법이라고.
자네가 매력적이지
않다는 데 대해서 말이야?
그건 어쩔 수 없는 일이야.
아니, 힐베르트의 결정 문제는
무언가를 멈추게 하는 문제야.
그러니 증명이 필요해.

음, 물론이지.
하지만 아무도
증명할 수 없어.
어쩌면.
아직까지는 말이지.
하, 하지만…

하지만 뉴먼은
알고리즘이라는 단어를 썼어.
이 아, 알고리즘은 어떤
기계가 수행할 수 있는
지시에 불과해.

하지만 굳이
마, 만들기도 힘들고
유지하기도 힘든 실제 기계장치에
머무를 필요가 있을까?
우리가 필요한 건
무언가를 하는 작업 자체야.
그리고 그것을 지속시키는
무, 무언가야.
작업자가 남자든 여자든
상관없어. 아예 기계일 수도 있지.
재질이 놋쇠든 나무든
상관없고 말이야.
하지만 인간은 실수를
저지르지. 그러니 기계로 하는 게 좋겠다.
그 기계를 M이라고 부르자. 그리고
그걸 종이로 만드는 거야.

무한하게 긴 종이테이프가 있다고 해보자. 그리고 누군가… 아니면 무언가 그 위에 표시를 남기는 거야.
한 번에 하나씩 말이지. 그리고 그때마다 하나씩 명령하는 거야. 다시 말해 그 또는 그녀… 아니면 그것이 다음에 무엇을 할지 아는 거지.

그리고 이런 표시와 명령들의 조합을 통해 M은 멈추게 될 거야.

아닐 수도 있지만.
예컨대 다음과 같은 규칙에 따르는 거지.

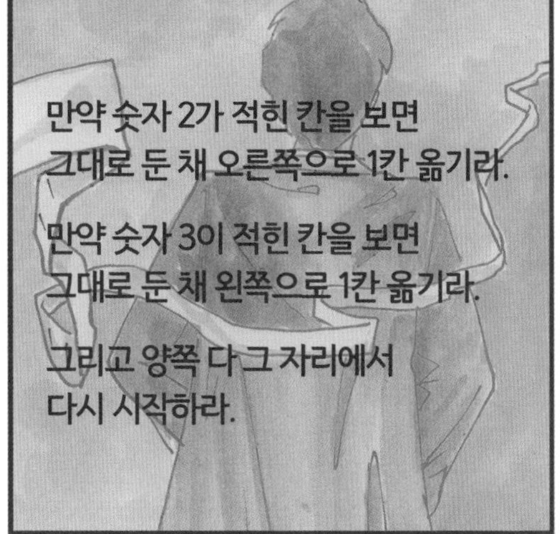
만약 숫자 2가 적힌 칸을 보면 그대로 둔 채 오른쪽으로 1칸 옮기라.
만약 숫자 3이 적힌 칸을 보면 그대로 둔 채 왼쪽으로 1칸 옮기라.
그리고 양쪽 다 그 자리에서 다시 시작하라.

하지만 이런 설명은 끔찍할 정도로 비효율적이지. 위의 두 개 규칙을 다음과 같이 쓰면 더 좋을 거야.
Q2: 2→Q
Q3: 3←Q
다시 말해 네가 상태 Q에 있고 2를 봤다면 2라고 쓰는 거야. 그리고 오른쪽으로 옮겨서 계속 상태 Q에 머무르는 거지.

이런 식으로 계속하는 거야. 알겠지?
응… 알 것 같아. 그런데 왜 하필 '상태 Q'라고 부르는 거지?

그건 물론 '마음의 상태'를 뜻하는 거야.
좋아, 그럼 다음으로 넘어가지. 이런 몇 가지 규칙에 따르면, 만약 우리가 M에게 '23'이라는 입력값을 주면 M은 영원히 앞뒤로 왔다갔다 하게 될 거야.

내 말이 맞는지 한 번 확인해봐, 제임스.

하지만 내가 제대로 할 수 있을지 모르겠어.
네가 해도 아무것도 변하지는 않겠지만 M은 결코 멈추지 않을 거야.

하지만 규칙을 약간만 비틀면 M은 멈출 수 있어.

규칙을 이렇게 바꾸는 거지. 만약 2를 보면 그것을 3으로 바꾸고, 그다음 오른쪽으로 한 칸 옮기라. 만약 3을 보면 그것을 2로 바꾸고 왼쪽으로 한 칸 옮기라.
이렇게 표현할 수도 있어. Q2: 3→Q ; Q3: 2←Q

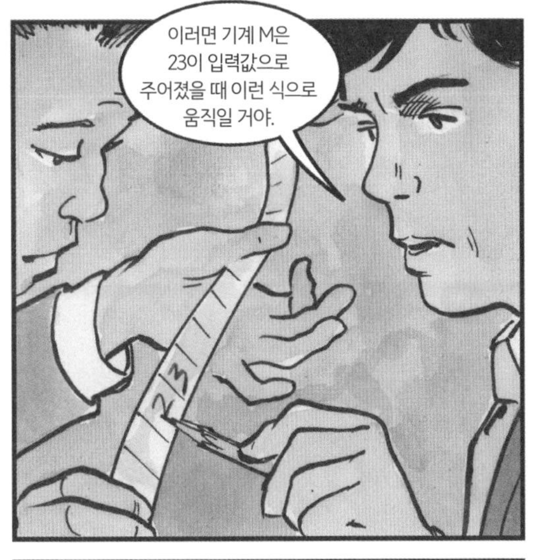
이러면 기계 M은
23이 입력값으로
주어졌을 때 이런 식으로
움직일 거야.

3 3

3 2

2 2

그리고 나면… M은
멈춰서 이후의 명령을
기다리겠군?

그렇지. 이제 이 모든
‘Q’와 ‘→’, ‘:’, ‘;’는
어떻게 해야 할까?
그것들을 전부
숫자로 바꾸는 게 더
좋지 않을까?

앨런, 나는 그게 가능하다고 생각하지 않아. 난…
숫자의 열이 전체 알고리즘을 표현할 수 있을 거야.

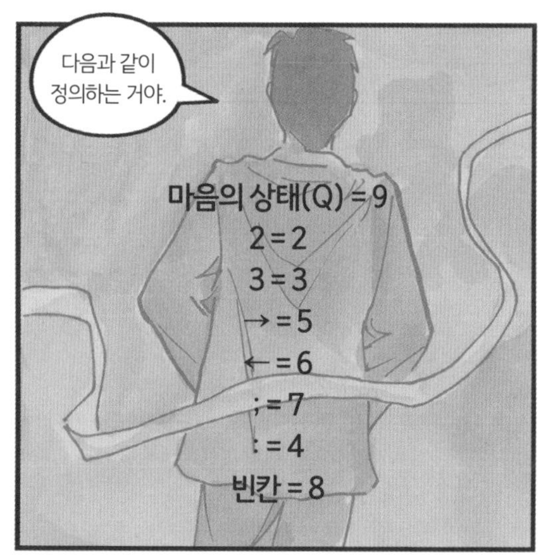
다음과 같이 정의하는 거야.
마음의 상태(Q) = 9
2 = 2
3 = 3
→ = 5
← = 6
; = 7
: = 4
빈칸 = 8

그러면 멈추지 않는 알고리즘은 다음과 같이 적힐 거야. 9242597934369
앨런?

…그렇다면 멈추는 알고리즘은 어떻게 될까?
앨런?

제임스? 챔프?

좋아.
계속해 보자고! 만약 우리가 끝에 '823'을 덧붙인다면 어떻게 될까? 빈칸을 뜻하는 숫자를 넣고 그 뒤에 '23'을 입력하는 거지. 그러면 표현하고 싶은 건 다 한거야!

기계와 입력을 한꺼번에 다 표현하게 된 거지.
즉 9242597934369823은 멈추지 않아.

그리고 기계는 9243597934269823을 실행하지.
음… 그렇군!

첫 번째와 같은 숫자열은 많지. 멈추지 않고 이어가는 알고리즘 말이야.
그것들 전부를 'A 집단'이라고 부르자.
그리고 멈추는 알고리즘을 표현하는 숫자들을 'C 집단'이라고 하자.

이제 어떤 주어진 숫자가 A 집단에 속하는지 아닌지 결정하는 알고리즘을 작성할 수 있겠지?
그건 이렇게 말하는 것과 정확하게 같아. 그 일을 할 수 있는 기계가 있을까?
멈추지 않는 것 말이야? 아, 알겠어!

아니면 앨런이 말했듯이, 기계는 멈춤 문제를, 멈춤 여부를 결정하는 문제를 풀 수 있을까요?

적어도 앨런은 그런 식으로 말했던 것 같아요. 길퍼드를 향해 같이 산책하던 길에 그렇게 얘기했죠.
그, 그래서 우리는 테이프에 한 자리 숫자만 남긴 다음 바로 멈추는 기계를 만들고 싶었죠.

결과가 '0'이면 뭐, 원래 숫자가 A 집단에 속한다는 것을 뜻하죠. 결코 멈추지 않는 알고리즘 말이에요.
…그리고 결과가 '1'이면 원래 숫자가 C 집단에 속하며 알고리즘이 멈춘다는 것을 뜻해요.

이렇게만 할 수 있다면 결정 문제를 해결한 거예요!

오, 이것 보렴. 네가 몇 해 전 이 나무 옆에서 √-1에 대해 얘기해 줬지! 넌 그때…

그, 그 문제를 결정 문제라고 부를게요.
오, 물론이지. 그게 훨씬 더 멋지구나. 계속하렴.

정말 그래요.
저, 정말 멋지죠.
하지만 제일 멋진 부분은
이거예요, 엄마.

우리가 작동할 수 있는
알고리즘 하나를 만든다고
해봐요. 언젠가는 멈추면서
결과로 '0' 또는 '1'을 남기는
알고리즘이요.
그, 그런 알고리즘은
집단 C겠죠.

왜냐하면 멈출 테니까요.
하지만!
제가 '보편만능의
기계'라고 부르는 게
있어요. 바로 M이죠.
즉 우, 우리는 알고리즘이
자기 자신을 입력하게 하는 거예요.
왜냐고요? 바로 M에 입력되는
것이 숫자이기 때문이죠.

그 숫자가
뭔지 아세요?
바로
그게
우리
알고리즘 자체
예요!

이제 그 결과 어떤 일이
벌어질지 아시겠죠?

입력값이 알고리즘이고, 알고리즘이 입력값인 거죠. 그리고 숫자가 집단 C라면 우리의 새로운 기계는 멈출 거예요. 그렇게 정의했으니까요.
하지만 만약 입력값이 집단 A에서 온 알고리즘이었다면, 기계는 숫자 0을 내놓으며 작동을 멈추지 못할 거예요.

… 하지만 기계는 1을 내놓으며 멈춰야만 해요!
모순이 발생하죠. 기계는 멈춰야 하는데 동시에 멈출 수가 없어요. 이제 다 왔어요.
따라서 힐베르트 문제에 해법은 존재하지 않아요. 증명 완료.

어쩌면 '증명 완료*'의 정반대일지도 모르지만요. 역을 보여주었으니까요.
…

그러게, 네가 그 문제를 해결하다니 정말 멋지구나, 얘야.

*235쪽 '감수자 주' 참고

… 논문에 이런 내용을 다 적었니?
네, 그, 그리고 논문을 런던수리학회에 보냈어요.
증명도 같이 보낸 거니?
엄마!
물론 잘했겠지. 하지만 그 증명을 깔끔하게 정리해서 보낸 거니?
엄마!
물론이죠!
맥스 뉴먼 교수님이 제 작업을 정리하는 데 도움을 주셨어요. 이론적으로 깔끔하게 말이죠.

물론 난 네가 말한 내용을
전부 이해하지는 못해.
'9243597934268823'이니
무슨 '집단'이니 'M'이니
종이테이프니 하는 것들
말이다.
하지만 확실히 그 내용이
옳았죠. 사람들 사이에
널리 퍼졌고요.

네 말은 알론조 처치
(Alonzo Church)라는 사람이
자기만의 똑똑한 방법으로 그 문제를
풀었다는 거니? 그 종이테이프가
아니라 람… 뭐라 하는
것으로?
람다
미적분학이에요,
엄마.

처치라는 사람은
미국인이라던데, 내가
어떻게 알겠어?

앨런은 1936년에
미국 프린스턴대학으로
초청받았죠.
처치가 근무하는
학교였어요.

… 괴델도 문제를
풀었죠. 제가 듣기론
조금 별난 사람이라고
하지만.
그 사람은 내가
미국에 도착하고 얼마 안 되어
다른 데로 떠날 것 같네요.
안타까운 일이죠.
CUNARD

*육분의(六分儀): 선박이 항해할 때 태양·달·별의 고도를 측정해 현재 위치를 구하는 데 사용하는 기기

그래서 나는 앨런이 먼 미국에서
어떻게 지내는지 알게 되었어요.
나는 1936년 10월 초에 미국에 도착했죠. 세관을 통과한 지 얼마 되지도 않아 미국인 택시 기사들로부터 신고식을 톡톡히 당했어요.
뒤늦게 택시 요금이 지나치게 많이 청구됐다는 사실을 알았죠. 하지만 이미 짐을 부칠 때부터 영국 요금의 두 배였으므로 어쩌면 그 요금이 맞을 수도 있겠다고 생각했어요.
가, 감사합니다.
천만에요, 친구.

결국엔 바가지를 썼죠. 하지만 일단 프린스턴대학에 도착하니 오길 잘했다는 생각이 들었어요.

리하르트 쿠란트
(Richard Courant)
존 폰 노이만
아인슈타인, 폰 노이만, 쿠란트,
바일처럼 가장 뛰어난 수학자들이
잔뜩 모인 곳이었죠.
헤르만 바일
(Herman Weyl)
알베르트 아인슈타인
알론조 처치
하지만 불행히도
논리학자는 예전처럼
많지 않았어요.
누구보다 괴델을
만날 수 없어
안타까웠죠.
나는 예정대로 당연히
알론조 처치를 만났죠.
이곳에 머무는 동안 나는
그의 학생이 되었어요.
알론조는 이미
내 논문을
읽었다고 했어요.

그 '튜링머신' 말일세. …
보편만능의 기계 말씀하시는 건가요?
응, 맞아. 자네가 생각해낸 것 아닌가? 그러니 튜링머신이지. 내가 궁금한 건 이거라네. 그 기계를 어떻게 만들 건가?

제가 직접 하지는 않을 겁니다.
음, 그러니까 저, 저는 교수님이 만들 수 있다고 생각했는데요. 그 기계를 생각해낸 이유는 힐베르트의 멈춤 문제를 해결하기 위해서였어요. 교수님이 람다 미적분학으로 해결했던 것처럼 말이에요.
종이테이프와 지시 사항을 정리한 표만 있으면 식은 죽 먹기죠. 저는 그렇게 생각합니다.
아앗, 저기 하디 교수님이 계시네요!
하디(Godfrey Hardy) 교수도 이곳에 머무는 중이었어요. 저는 케임브리지에서 하디 교수의 강의를 들었죠. 굉장히 냉담한 성격이었지만, 나와는 다르게 유명하고 존경받는 교수였죠.

하디 교수는 나처럼 영국인이었죠. 그리고…
비스킷 먹어도 될까요?
아, '쿠키' 말인가? 물론 마음껏 들게.
좋습니다.

아무튼 나는 여러 가지가 이상한 미국식 영어를 쓰는 처치와 얘기를 나누는 게 좋았어요.
예컨대 뭔가에 고맙다고 말하면 미국인은 '천만에요'라고 답했죠.

음, 좋아.
그럼 그 지시표 말일세.
사실은, 내가 여기 올 때부터 환영받은 사람이라는 사실을 즐겼는지도 모르죠.
이를테면 말이죠.

차 더 드릴까요?
네, 감사합니다.
하지만 지금은 마치 벽에 던진 공처럼 뭔가 되돌아오고 있어요.
천만에요.
그 결과 나는 정말로 걱정이 되었죠.

그래서 말일세. 제대로 된 지시가 있으면 자네의 기계를 계산하는 데 사용할 수 있는 건가? … 무슨 계산이든 말이야. 어떻게 생각하나?
분명 영어를, 또는 그것에 가까운 말을 듣고 있었는데, 언어의 규칙은 확실히 달랐죠.

어쨌든 폰 노이만 역시 내 작업에
관심이 있었죠. 하지만 내 생각엔
조금 다른 이유에서였던 것 같아요.
그는 12월에 있었던
계산할 수 있는 수에 대한
내 강연에 참석했죠.

참석자가 그렇게 많지는
않았어요. 그날 수학 클럽에는
사람이 뜨문뜨문했어요.
어,
여기까지입니다.
혹, 혹시 질문 있나요?
난 사람들의 관심을
끌려면 명성이 필요한가
보다고 생각하게 되었죠.

없군요.
감사합니다.

천만에요.
하지만 나는 자네가 방금 암시했던 무언가를 더 깊게 알고 싶네만.
자네의 튜링머신이라는 것 말이네.

폰 노이만이었어요! 나는 그의 책을 이미 읽었죠. 하지만 노이만도 내 논문을 읽었던 걸까요?

그, 그러니까 보편만능의 기계 말씀이신가요?
그렇다네, 자네가 그렇게 부른다면. 나는 자네가 지시표를 만드는 데 사용한 언어에 관심이 있네.
아, 교, 교수님. 그것은…
날 조니라고 부르게. 튜링 박사.

하지만 그가 정말 관심이 있었던 것은 언어라기보다는 좀 다른 것이었어요. 숫자로 표현되는 작동 과정이었죠.
숫자로 작동하는 숫자들에 관심이 있었던 거죠. 실제 기계 안에서요.
하나의 사고가 관련이 있는 다른 사고로 이어지는 과정은 흥미롭죠.
그 당시에 나는 일반적인 종류의 암호, 또는 코드를 만들고자 했어요.

앨런은 그 아이디어를 영국 정부에 팔려고 했어요. 하지만 그게 과연 도덕적인 행동인지 고민했지요.

그건 엄청나게 긴 숫자를 서로 곱하는 것과 관련되어 있었죠.
9242597934369823
x 9243597934269

앨런은 내게 물었어요. "엄마는 어떻게 생각하세요?" 하지만 당연하게도 해줄 말이 없었죠.

그리고 이후로는 거기에 대해 아무 말도 듣지 못했어요.

Union Square
앨런은 편지에 대부분 다른 내용을 적었어요. 파티에 가서 암호 놀이를 하고 놀았다든지 천문대를 방문했다는 식으로요. 여행 얘기를 쓰기도 했죠. 앨런은 미국 생활을 즐기는 듯했어요.
여름이 지나면 돌아갈 작정이야. 너, 너는 어때?
나는 여름을 보내고 집으로 돌아갔죠. 하지만 다음 해 미국에 다시 왔어요. 이번에는 유로파(Europa)호라는 독일 배를 탔죠.

미국의 상황은 조금씩 안 좋아졌죠.
The New York Times.
실업률 19.0퍼센트로 오르다

TIMES
히틀러 오스트리아 합병을 선언하다
유럽의 상황도 그렇게 밝지는 않았어요.

하지만 앨런은 학생감(監) 장학금을 받았죠. 매년 2000달러짜리였어요!
아니에요, 제가 낼게요. 저는 이제 부자니까요!

나중에는 폰 노이만의 조수 자리도 얻었죠.

"7월 전에 전쟁이
나지 않는다면 이 조건을
받아들일 겁니다."
배를 타고 바다를
건너야 했죠. 이제는
유로파호로는 올 수 없었어요.
독일 잠수함 유보트(U-Boat)가
많았거든요.
공식적으로는 전쟁이
아니었지만요. 그래도 앨런은
가을에 돌아왔어요. 그리고
이후로 다시는 영국을
떠나지 않았죠.

Cinema
SNOW WHITE
나는 케임브리지에
돌아와 챔프와
친구들을 만났죠.
논문도 통과되었고요.
그리고 다시 일을
시작해야 했죠.

독일 군대가…
행진하고 있습니다! 이들은
수데텐란트를 점령했고…
전 세계가 그저 지켜보는
중입니다.
현실과…

… 사회적 혼란 속으로
돌아가야 했어요.

“사과를 독에 담가라.
잠자는 죽음이 스며들도록.”
이 만화영화
다시 볼 거야.
정말이야.
농담이지? 백설 공주니
사악한 마녀니 난쟁이가
나오는데?
“사과를 독에
담가라…”

진짜야! 멋진
영화잖아, 챔프.
너도
인정하라고. 공주와
왕자가 입을 맞출 때
훌쩍거렸잖아. 하지만
난 너를 놀리지
않았지.
하하
하하
하하하하
하하
알았어. “자기에게
더 집중해야 하지.”

그래서 난 학생을
가르치기도 하고
수업을 듣기도
했어요.
케임브리지대학에서
루트비히 비트겐슈타인의
철학 수업을 듣기도 했죠.
만약 자네가 일련의 규칙이
이끄는 결과가 어떨지에 대한 실험을
한다면, 그것은 그 규칙들이 무엇을
이끌어야만 하는지를 규정하지
않는 유일한 실험이네.
요점이 뭔지
알겠어요.
나는 요점이
없는걸.

세인트제임스공원 역
나는 더 쓸모 있는 응용 수업도 들었죠. 런던에는 정부에서 개설한 암호학교가 있었어요.

나는 그곳에 초청되었어요. 정확히 그 이유는 알 수 없었지만요.

어떤 동료가 추천한 걸까? 아니면 내가 미국에서 썼던 연구 계획서 때문일까?

Übersetzung
Kryptography
Криптография
перевод
tłumaczenie
cryptographie
traduction
이곳에서는 그런 이야기를 하지 않았어요.

이들이 가장 관심을 보인 분야는 언어학이었죠.
어형 변화가 공손한 표현에서 가장 확연하다. 이건 러시아어일까요, 독일어일까요? 네, 저기 세 번째 줄 당신이 대답해봐요.
… 그리고 퍼즐 풀이에 대해서도요.

나, 나는 이게 왜 관련 있는지 모르겠어요.
빨리 푸는 게 무엇보다 중요합니다, 튜링 박사.

하지만 내가 가진 전문 기술을 활용하는 데는 전혀 관심이 없어 보였죠.
수학이나 심지어는 알고리즘조차도 중요하게 생각하지 않는 듯했어요.

감사합니다. 나중에 연락드리죠.
여전히 나는 흥미로운 아이디어를 몇 가지 생각하고 있었죠. 제묶을 단단히 해낼 그런 아이디어였어요.

그리고 그때 전쟁이 터졌죠.
아니면 조금 더 전에 터졌을지도 모르지만. 정말 기억이 안 나는군요.
하지만 전쟁이 언제 일어났든 그때쯤 앨런의 편지는 점차 뜸해졌어요.

앨런은 그동안 편지를 꼬박꼬박 보냈거든요. 어쩌면 그저 일 때문에 스트레스를 많이 받아서였을 거예요. 그렇게 얘기하지는 않았지만요.
똑 똑

죄송하지만 지금은 자리를 좀 비켜주셨으면 해요.

하지만…
알겠다.
나는 그저…
당신들은
다 누구야?

뭐, 뭐지?
당신들은 다 뭐 하는 사람들이야?
황금알을 낳는 거위들이랍니다, 부인…
철컥

HHXMJ KVYHS WHTNZ STOGQ
YRJZN KFLDU ZTISL GAANW
RLRHN EZPPX CFLRV OCLUX
PTGFW TWQGL GDXJX TGMJY
JU**TOP** XBZQK RNPIJ TWVZH
NHXED FRVOF MAFNO USDBR
ANASZ BPHDZ SZBTE KAKSK
QMCVI KWZIK MIRPO JCYWW
HKHNR MKVRS YSUUB GXEMH
OMTYE ABXNO RCQFA AGUWY
OTAAH IRNHC FHXMK TPJUQ
GUCYM R**SECR** **ET**RCB HQAUS
LIRJO FVBOM KBVTS VILNX
PLONR ZHUOF FLXRA BUESY
YFUVM OESHQ HFWAL YGWOK
UTCZN JUZCO OAIAP OYNHB
FPYWQ RAJRC ENSIZ HKMGJ
IMVYJ VJFDC IQCBV LMCVX
VBNWK QLHMS ROFFR ZPGCD
HGRKF POJJZ **ULTRA** TSUOA
QBVBY HPIPF WTJKK UQKVO
JLDCO LGKBP ZHOCA NHYZE

그 일이 벌어진 것은
자정이었죠.

끼익끼익끼익
끼익끼익끼익

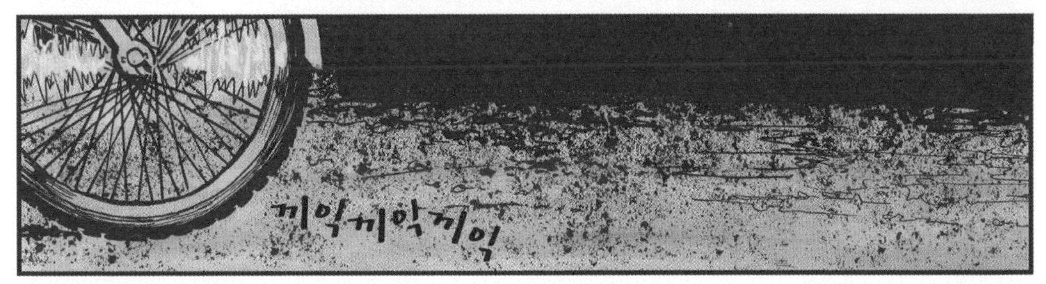

*에니그마(enigma): 그리스어로 '수수께끼'라는 뜻으로, 제2차 세계대전 중 독일이 군기밀을 암호화하는 데 사용한 암호 기계

설정을 바꾼다는 건 그것이
새로운 암호가 된다는 뜻이죠.
그리고 새로운 암호가 생겼다는 건
우리가 어제 했던 일이 휴짓조각이 된다는
뜻이에요. 처음부터 모든 일을 다시
시작해야만 하죠.
왜 그러죠?
신분을
확인해야
합니다.
스토니 스트랫퍼드,
뉴 브래드웰, 0010에서
출발합니다.

서두르십시오.
곧… 출발합니다.

방독면을
벗어주시겠습니까?

왜 매번 이 절차를 거쳐야 하는 거죠?
선생님은 신분증에 서명하지 않았으므로 유효하지 않습니다. 그리고 그 방독면을 쓰면 누구든 들어올 수 있기 때문이죠.

첫째, 이 카드는 다음 사항이 준수되어야 한다. '이 카드 위에는 아무것도 적지 말라.'
서명하려면 이 위에 적어야 하지 않습니까. 그래서 하지 않았던 겁니다. 그리고 이 카드는 이런 식으로 올바르게 보관한 단 하나의 신분증입니다. 그러니 내 신분을 명확하게 증명하죠.

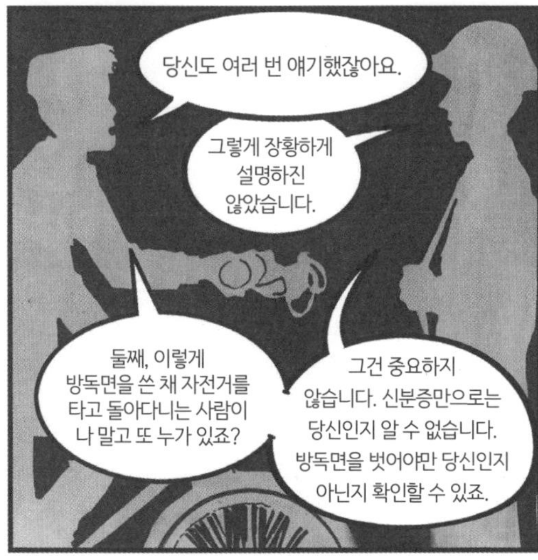

당신도 여러 번 얘기했잖아요.
그렇게 장황하게 설명하진 않았습니다.
둘째, 이렇게 방독면을 쓴 채 자전거를 타고 돌아다니는 사람이 나 말고 또 누가 있죠?
그건 중요하지 않습니다. 신분증만으로는 당신인지 알 수 없습니다. 방독면을 벗어야만 당신인지 아닌지 확인할 수 있죠.

선생님.

에취!
아무래도
상관없지만 건초열에
걸린 것 같네요.

여기서 볼일은
다 끝났나요?
네.

한 가지 잊었네.
셋째, 우리가 매일 밤
이렇게 검문하는 건
바로 저 사람이…
저 사람은
책상물림 과학자야.
뭐 어쩌겠어?

에취!

좋은 아침이에요.
안녕하세요,
교수님.
자전거를 고쳐놔!
베를린에는 어디든 듣는
귀가 있으니까!

쪽지 어디
있나요?

일기예보
비스케 지방

이것뿐인가요?
네, 음… 몇 분만 더
기다려주시면 좋겠네요.
이건 오늘 가로챈 첫 번째
내용일 뿐이라서요.

이제 됐나요?
3분이 지났잖습니까. 3분이면 '몇 분'이죠.
교수님, 아직…
고마워요. 일단 이걸 가져갈게요. 그리고 우리가 작업을 멈췄을 때 다시 들르겠습니다.
모두 준비됐나요?
네!
네!
네!
당신들은 이 작업이 어땠나요? 무척 흥분됐죠?
흥분됐냐고요? 전혀요. 대부분 지루한 작업이죠.

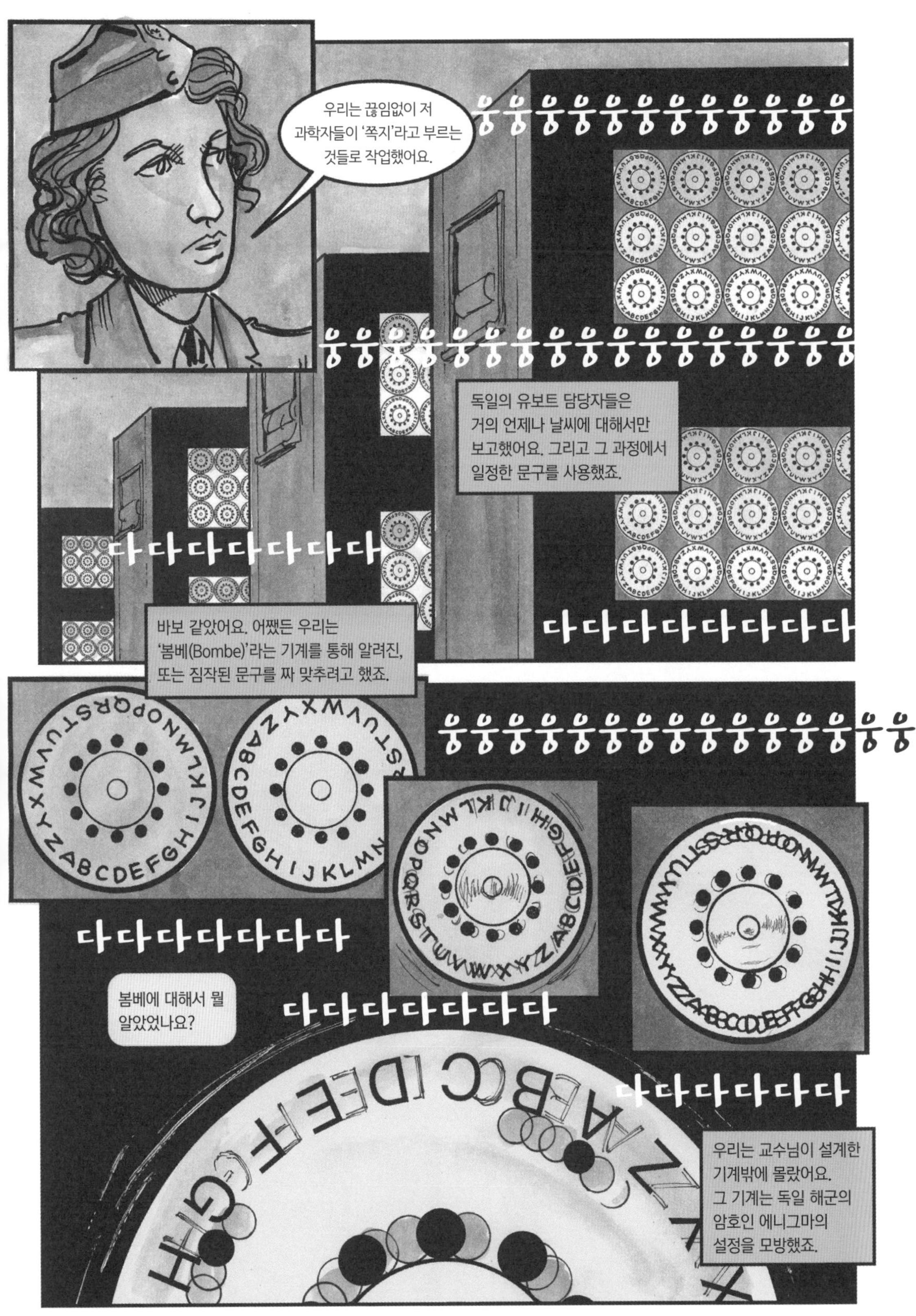
우리는 끊임없이 저 과학자들이 '쪽지'라고 부르는 것들로 작업했어요.
웅웅웅웅웅웅웅웅웅웅웅웅웅웅웅웅
웅웅웅웅웅웅웅웅웅웅웅웅웅웅웅웅웅
독일의 유보트 담당자들은 거의 언제나 날씨에 대해서만 보고했어요. 그리고 그 과정에서 일정한 문구를 사용했죠.
다다다다다다다다
다다다다다다다다다
바보 같았어요. 어쨌든 우리는 '봄베(Bombe)'라는 기계를 통해 알려진, 또는 짐작된 문구를 짜 맞추려고 했죠.
웅웅웅웅웅웅웅웅웅웅웅웅웅웅웅웅웅웅웅
다다다다다다다다
봄베에 대해서 뭘 알았었나요?
다다다다다다다다
다다다다다다
우리는 교수님이 설계한 기계밖에 몰랐어요. 그 기계는 독일 해군의 암호인 에니그마의 설정을 모방했죠.

한 가지가 짜 맞춰지면
운 좋은 장비 조작원은
이렇게 외쳤어요.
중단!
웅웅웅웅웅웅
다다다다다다
다다다다다다
다다다다다다다다다다다다다다
제대로
멈춘 거예요?
그러면 우리는 기계들을
멈췄죠. 정말 다행이었어요.
왜냐하면, 기계가 돌면서
실내가 미친 듯이 더워졌기
때문이죠.
맞는지 알아볼
방법은 한 가지뿐이죠.
그렇지 않나요?
음, 그러면
기계도 마저
발가벗기고 다른 일
찾아보지 그래요.
그리고 튜링은 우리가
정말로 그날의 암호를
알아냈는지 설정을
시험해보았죠.
놀라운 일도
아니지.
부끄러운 건 우리도
마찬가지라고. 만약 저 사람이
부끄러워하지 않는다면, 글쎄,
그 이유 때문이겠지.
그렇다면 그는,
음, 뭐랄까…

'동성애자'라는 말을
하고 싶었나 보군요.
그런 성향이
블레츨리파크
(Bletchley Park)에
알려져 있었나요?

앨런은 숨기려는 노력을
전혀 하지 않았죠.
사실 암호명이
'스테이션 X'이던 그곳에서
미운 오리는 앨런뿐만이
아니었어요.

안녕, 앨런.
안녕, 딜리.

후.
우리는 그곳에서
외부와 단절된 채 지냈죠.
독일 공군이 보내는
엄청난 양의 통신 내역을
외떨어진 곳에서 모아야
했으니까요.

그놈의 기계.
... 그렇게 우리는
서로 어울려
지내야 했어요.
바깥세상과는 조금씩밖에 연락하지
못했어요. 제한적인 방법으로요.

그곳은 끊임없이 풍경이 바뀌었죠. 어떤 건물이 언제 올라갔는지도 기억이 잘 나지 않을 정도로요. 대피처를 급히 만든다는 느낌으로 건물이 세워졌어요.
… 건물이 철거되는 것도 몹시 빨랐죠. 아무도 그 자세한 사항을 기록에 남기지 않았을 거예요.
하지만 적어도 1939년 9월 4일에는 그런 기록이 별로 없었어요. 내가 그곳에 처음 도착한 날이죠.

우연이었지만
영국은 그 전날 독일에
전쟁을 선포했죠.
안녕하세요?

안녕하세요,
튜링 박사이신가요?
딜리 씨가
기다리고 있습니다.
어제 그렇게 전해달라고
했어요.
오늘은 어떨까요?
음, 제 생각엔 아마 오늘도
기다릴 것 같지만…

네, 그쪽 맞아요.
하지만 제가 거기까지
데려다주지는 않을
거예요!

줄줄줄줄줄줄줄줄줄
저기…

딜리? 당신이
준비되었다는 소식을
들었습니다.
줄줄줄줄줄줄줄

줄줄줄줄줄줄줄줄

앨런이군요.
맞아요. 여기 언제
도착했습니까?
막…

하긴 아무려면 어때.
우리가 마지막으로 만나던 날
이후로 내가 뭘 생각해냈는지
말해볼게요. 그때가
크리스마스 무렵이었나?

일단 나가요.
당신에게 에니그마를
보여줄게요.
에니그마
말인가요? 그게
있다고요?
욕, 욕조 물은
어쩌고요?

뭐가
어때서요?
바지는 입어야죠.
밖에
여자들도
있던데.

아,
내 '하렘'을
만났군요.
군인들이 내 수하의 요원들을
그렇게 부르죠. 어쨌든 그들은 착한
여자들이에요. 좀 격식을 차리지
않아도 신경 쓰지 않죠.

진정한 '계산기'는
아니지만요. 그렇지요,
여성분들?

딜리 녹스(Dilly Knox)라는 암호해독가는
1936년에 초기 형태의 독일 에니그마 암호를
풀었어요. 폴란드에서도 비슷한 일을 했고,
그 기술을 더 개발해 1939년에는 영국의
암호학교와 기술을 공유했죠.

… 독일이 마구 날뛰기
직전이었어요. 다행이었죠.
이게 뭔지 아는 사람
있어요?
말해봐요.

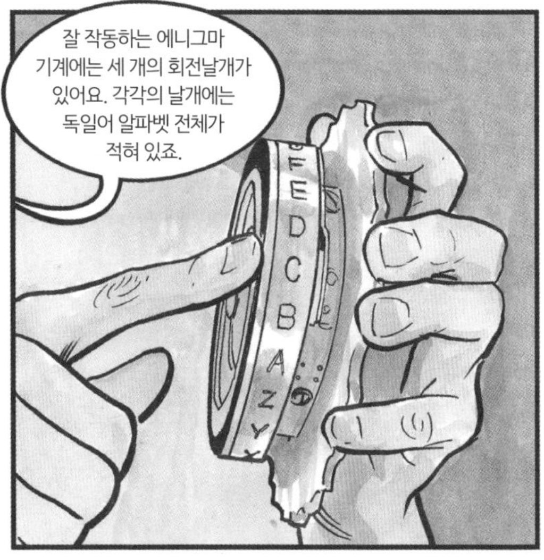
잘 작동하는 에니그마
기계에는 세 개의 회전날개가
있어요. 각각의 날개에는
독일어 알파벳 전체가
적혀 있죠.
F
E
D
C
B
A
Z
Y

밖에서 보면 회전날개는
다 똑같이 보여요. 하지만 안을
들여다보면 복잡하죠.

그러니 겉모습만으로는
모르는 겁니다. 그렇죠? 하지만
폴란드 사람들은 이게 어떻게
작동하는지 알아냈어요.
엄청나게 많은
공이 들어갔죠.

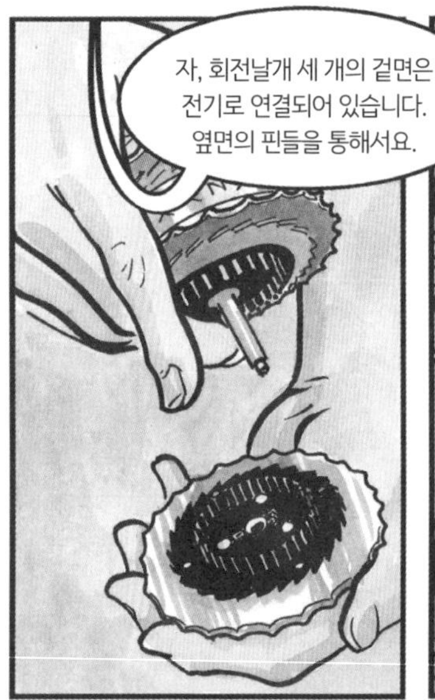
자, 회전날개 세 개의 겉면은
전기로 연결되어 있습니다.
옆면의 핀들을 통해서요.

조작원은 회전날개
다섯 개 세트 가운데 그날
사용할 세 개를 고르죠.

문자 키를 하나 누르면
각 회전날개를 통해 전류가
흘러요. 그리고 반대 방향으로
다시 반사되죠. 그러면 불이
하나 들어와요.

이런 식으로 편지를
암호화해요.
딸깍

키를 다시 원래대로
되돌리면 첫 번째 고리가 틱 소리를
내며 움직이죠. 그러면 다른 키를 다시
누르고, 이런 식으로 고리가 완전히
한 바퀴 돌 때까지 계속해요.

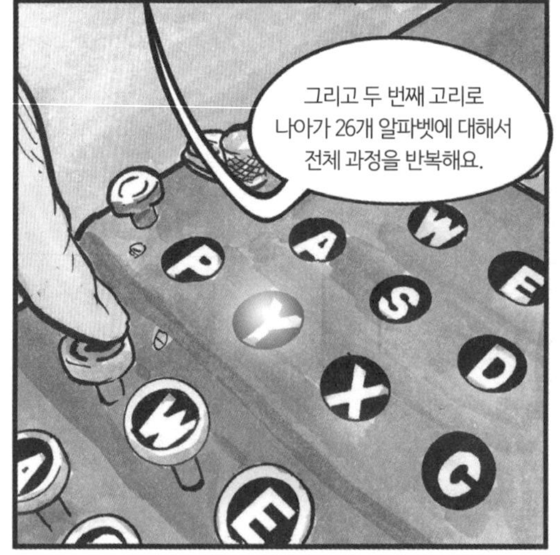
그리고 두 번째 고리로
나아가 26개 알파벳에 대해서
전체 과정을 반복해요.

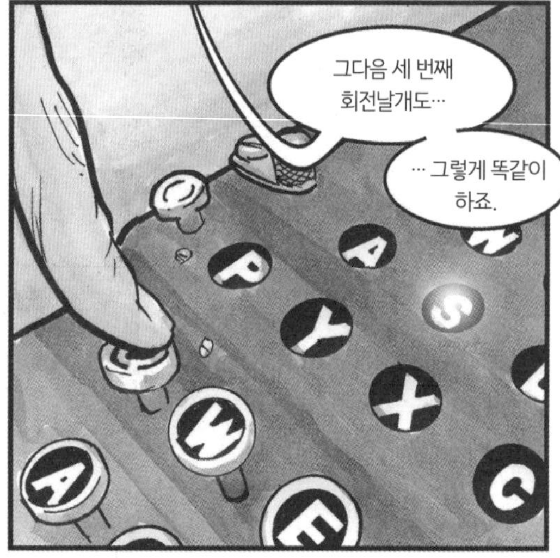
그다음 세 번째
회전날개도···
··· 그렇게 똑같이
하죠.

질문 있나요?
좋아요, 그럼!
ENIGMA

그러면 일하라는 건가요?
그렇죠. 그럴 수 없었지만요. 딜리의 설명은 언제나 그랬듯 완벽하지 못했어요. 딜리는 뭔가 새로운 게 도착하면 고작 몇 분 관심을 둘 뿐이었죠. 심지어 그 교수님이 왔을 때도 그랬어요.
그래서 좀 헤맸죠.
모든 게 다 그렇게 번갯불에 콩 구워 먹는 식이었어요. 그래서 우리는 음… 이야기의 맥락을 우리가 알아서 이해했죠. 우리는 지시를 받아 일해야 하니까요.
음, 사실은 명령을 받는 거지만요. 하지만 딜리나 그 교수, 그리고 그들의 무리는 우리처럼 군인이 아니어서…

확실히 그랬어요.
지시와 명령… 아무려면 어때요. 어쨌든 그 사람들에게 일을 시키고, 그 사람들은 내 말을 따르고, 그 일에 관해서는 서로 얘기를 나누지 않았죠.
지금도 그때를 생각하니 좀 불편하네요. 솔직히 말하면요.

어쨌든 우리는 그 '쪽지'에 대해 알아내려 했어요. 딜리와 그 무리는 독일군의 암호를 그렇게 불렀죠. 우리가 그 뜻을 짐작하려 했던 그 암호들이요.
분쟁이 없을 때는 '특별한 일 없음'이라는 문구가 꽤 자주 등장했죠.
다행히도 '보고할 일 없음', '특별한 사건 없음' 같은 문구는 자주 나타났어요.
하지만 더 흥미로운 건 이런 좋은 문구가 아니죠.
그리고 일단 전쟁이 터지자 상황은 바뀌었어요. 좋은 문구가 뭐였든 간에요.
그건 단순히 '특별한 일 없음'이 이제는 사실이 아니기 때문은 아니었죠.
이제 독일군이 또 다른 에니그마를 사용하기 시작했던 거예요. 에니그마를 새로 설치하고 회전날개를 다시 돌렸죠.

독일군은 교환대를
덧붙이기까지 했어요.
기계 앞에서 글자들을 다시
한 번 뒤바꾸는 장치였죠.
그러면 150 뒤에 0이 열두 개
붙은 숫자만큼 새로운 초기
설정이 가능해지죠. 그래서
우리는 여기에 대응해 방안을
마련해야 했어요.
여기서부터 그 교수가
활약하기 시작했죠.
우리가
아는 건…

(1) 에니그마는 글자를
스스로 암호화하지 않는다.
독일군은 그게
에니그마의 힘이라고
생각할 테지만, 그건
약점입니다!

암호화된 글: A X Q C B R U Y T A B I
보통 글: C R I B C R I B C R I B
우리는 이걸 이용해서
우리의 쪽지를 제자리에
둘 수 있어요.
더 정확히 말하면
제자리라는 걸
없애는 거죠.

어떻게든 뜻을
알아내야 하니까요.
그래서…
(1) 에니그마는 글자를
스스로 암호화하지 않는다.
(2) 짧은 쪽지가 좋다.
암호화된 글:
보통 글:
우리는 길이가 짧은 쪽지,
26자 이하인 것들을 활용해서
첫 번째 회전날개의 시작 위치를
잡을 수 있습니다. 그다음에 두 번째
회전날개를 움직이는 거죠.

쪽지가 좋다.
그러면 딜리 하렘의 여군들에게 도움이 될 겁니다.

스스로 암호화하지 않는다.
(2) 짧은 쪽지가 좋다.
암호화된 글:
보통 글:
모순!
긴 쪽지도 좋지만… 사람이 직접 풀려면 다루기가 무척 어렵습니다. 딜리의 방법을 사용하면 말이죠.

흠.
…
그럼 왜 꼭 사람 손으로 해야 할까요?

(3) 쪽지를 얻을 때는
출처를 밝혀야
그리고 메시지의 도입인, 짧은 쪽지의 첫 번째 회전날개와 긴 쪽지가 메시지를 전체적으로 확인해줄 수 있나요?
결국, 우리는 어떤 암호화된 메시지가 사람들에게 전하는 정보라는 사실을 알아야 합니다.

출처를 밝혀야
즉, 어떤 메시지가 기상청에서 왔다면 조작원은 'X 지역의 일기예보'라고 송신을 시작할 겁니다.

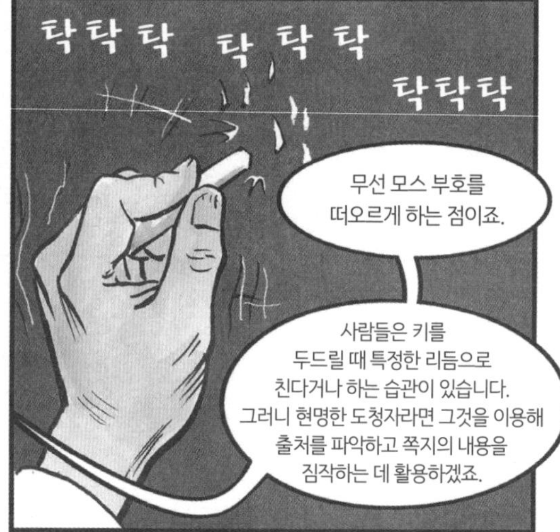
탁탁탁 탁탁탁
탁탁탁
무선 모스 부호를 떠오르게 하는 점이죠.
사람들은 키를 두드릴 때 특정한 리듬으로 친다거나 하는 습관이 있습니다. 그러니 현명한 도청자라면 그것을 이용해 출처를 파악하고 쪽지의 내용을 짐작하는 데 활용하겠죠.

쪽지…
현명한 청자…
탁 탁 탁
탁 탁
탁
탁
의미가 있는 메시지…

반사와 모순!

(1) 에니그마는 글자를
스스로 암호화하지 않는다.
(2) 짧은 쪽지가 좋다.
암호화된 글: A X Q C R B Y T A B N F A I Z Q
보통 글: C R I B A N D C R I B A G A I N
A-C → C-B → B-I → I-A
무모순. 그것은…
암호 해독의 순환
고리를 이끌어 내죠!

알겠어요?

우리는 대부분 당연히 몰랐죠. 하지만 그건 우리가 그곳에 없었기 때문이 아니었어요.
단지 수학적 기초 지식이 없었기 때문이었죠. 그래서 나는 그것에 관해 대답해 드릴 수…
세상에, 클라크 씨. 다행이네요.
난 가도 되겠죠?
그래요. 정말 고마워요.
그래서… 아무리 그들이 필수적인 지식을 갖고 있다 해도 앨런은 자기가 생각하는 일에 그렇게 많은 사람을 참가시키지 않았어요.
그저 이리저리 돌아다녀야 하는 일만 많았죠.
하지만 나는 블레츨리의 수준을 높이기 위해 추가로 동원된 많은 암호해독자 가운데 한 사람이었어요.

'암호해독가'라는 명칭으로 불리지는 않았지만요.
이 친구들에 더해, 젊은 여자 요원과 새로 뽑은 언어학자들이 올 겁니다.
언어학자를 고용했다고요? 그, 그런 사람은 필요하지 않아요. 우리는 암호…
맞아요, 맞아. 그런 사람들을 뽑았죠. 이 여성들을 그런 이름으로 부르지 않을 뿐이에요. 그냥 그러기로 해요.
흐음.
음, 그래도 동의할 수는 없지만…
전쟁의 끔찍함은 사람들이 속마음을 드러내지 않게 했죠. 하지만 결국에는…
…그래도 결국 우리는 사이가 꽤 좋아졌어요.
|AXQC| |RBY|TABN| |FAIZQ|
|CRIB| |AND|CRIB| |AGAIN|
결국 나는… 음, 뭐랄까 그곳에서 꽤 유능한 '언어학자'였죠.

A-C → C-B
B-I → I-A
클라크 양, 그걸 알아챈 거예요?

당, 당신에게는 남자들에게 말하듯 얘기할 수 있겠네요.
친구들에게 말하듯 말이에요. 채, 챔프처럼요.
챔프가 누구예요?
당신의… 남자친구 가운데 한 명인가요?
음, 챔프는 남자이고 내 친구죠. 그러니까 그 말이 맞아요.
아, 그건 아니네요. 그냥 친구예요. 관심사가 같고 편하게 얘기할 수 있는 사람이요.

당신처럼 말이죠.

음, 그리고 그렇게 말해 주니 고맙다고 해야 할 것 같네요.
천만에요!

암호해독가 직함 문제는… 여전히 좀 골치가 아프지만요. 우리는 무슨 장군이니 하사관이니 하는 사람들에게 둘러싸여 있고요. 누굴 뭐라고 부르는지 하는 문제가 중요해 보이고.
왜 그런지 모르겠어요.
일을 제대로 하기만 한다면 여자든, 남자든, 기계든 뭐든 상관없는데.
하, 하지만 당신의 직함 문제는 딜리와 얘기해 볼게요.

아뇨. 절 납득시켰으니 굳이 그럴 필요는 없어요, 교수님.
그, 그렇게 부르지 마요. 그냥 앨런이라고 해요.

앨런보다는 교수님이라고 부르는 게 낫겠어요. 하지만 저는 그냥 조앤이라 불러 주세요.
그리고 우리는 다시 일로 돌아갔죠.

탁 탁 탁탁 탁탁
딸깍딸깍딸깍딸깍딸깍딸깍

탁 탁 탁탁 탁
1. 기계에 대한 논문
'에니그마'에 대해 기술하는 데서 시작하자.
이 기계에 대한 논문을 쓰자.

기본적인 사항부터 정리하고.
탁 탁 탁탁
이 기계는 알파벳의 활자가 표시된 스물여섯 개의 키와 활자가 찍힌 그 위로 스텐실을 통해 빛을 내는 스물여섯 개의 전구가 달린 상자로 구성된다.
탁 탁
탁 탁 탁 탁

아냐, 충분하지 못한 설명이야.
좋아.
기계에는 바퀴들도 있는데, 그 기능은 앞으로 차차 기술할 것이다.
~ 전구 위로 보이는 활자는
~ 전구에 불이 들어왔을 때
눌린 키와 그때의 바퀴 위치에서 그 키의 활자를 해독한 결과다.
튜링은 이런 식으로 일했을 거예요. 우리가 아는 건 그가 굉장한 진전을 이뤘고, 여러 가지를 알게 됐다는 점이죠.

나는 우리 가운데 튜링이 혼잣말하는 걸 본 사람이 없다고 생각해요. 나도 못 봤죠. 어쨌든 우리가 한 일은 이런 것뿐이었죠.

탁 탁 탁 탁 탁 탁
딸깍딸깍딸깍딸깍딸깍딸깍
저녁이에요!

이런 과정의
반복이었어요.

… 이렇게 한동안
시간이 흘렀죠.
차예요!
과학자란 사람들은
다 그렇죠. 문을 꼭 닫고
그 안에서 아무도 방해하지 말라는
듯이 행동하죠. 조금은 심보가
고약해 보이지만요.

어쨌든, 그 교수가 외부와 단절된
생활을 얼마나 계속했는지는 기억도
안 나요. 그 과학자들은 그런 생활을
'나무바구니 통신'이라 부르더라고요.
내게는 거의 몇 달처럼 길게 느껴졌죠.

하지만 그 교수였으니까 사실은 아마 며칠, 몇 주 만에 끝났을 거예요.

앨런, 이건 정말…

새롭군. 이 글에서
말하는 기계는…

자네, 이건…
난 이해가 안 되는군.
아예 자네가 끝까지
완성하지 그랬나?

그, 글쎄요.
식사를 제대로 하고
싶었거든요.
그동안 음식
가져다주셔서
고마워요.

당신이 이걸
빨리 보고 싶어 할
거라 생각했죠.

그리고 이들은
한동안 의견을
주고받았어요.
딜리는 앨런의 방식을 확신하지
못했죠. 봄베를 통해 에니그마를
해독할 수 있을까, 하는 거였죠.
그래서 딜리는
여군들이 한동안
일을 쉬게 했어요.

… 하지만 일단 앨런 교수의 아이디어를 실천에 옮기기로 하자 스테이션 X에는 여군이 많이 필요해졌죠.

이들은 이웃 사람들에게 우리가 '작가들'이라고 말하라는 지시를 받았어요. 예전에 그랬던 것처럼 말이죠.

저 사람들은 다 어디서 온 걸까?

그리고 우리가 일을 더 밀어붙여야 할 때면 우리는 "음… 일"이라고만 말하면 그만이었죠.

그리고 우리는
이 '미친 짓 위원회'에
고용되었어요.
동네 사람들은 이곳을 그렇게
불렀죠. 어쨌든 우리는
스스로를 'BD', 아니면
'스테이션 X', '사서함 111호'
등으로 불렀답니다.
여기서 하는 일은 결코
간단한 작업이 아니었죠.
앨런 교수는 봄베를 한 치의 오차
없이 만들려고 했어요. 1940년대
중반에는 '아그네스'라고 불리는
첫 번째 봄베가 만들어졌죠. 그건
완벽하게 작동했어요. 그 뒤에
만들어진 기계들도 그랬지만요.
하지만 그렇다고 해서 다루기가
쉬웠던 것은 아니었죠.
교수님?

네?
이리 주세요. 핀 구부리는 작업은 내가 할게요.
알겠어요. 내가 만든 기계가 좀 시끄럽죠. 거기에 비하면 딜리의 기계는 딱정벌레와 막대, 바닷가재 정도였죠.
맞아요. 거기에 게와 여자, 키스가 들어갔죠.
음… 나는 그런 주제에 익숙하지 않아요.
해독 과정에서 딜리의 방법을 더 활용한 것 같고요.
그리고 농담이에요, 교수님.
아앗!
괘, 괜찮아요?
괜찮아요. 이 대단한 기획에서 금 간 손톱이나 멍든 손가락 끝 따위가 뭐가 그렇게 중요하겠어요.
어쨌든 일을 제대로 마치는 게 중요하죠. 그렇죠, 교수님?

그, 그렇죠.
좋아요. 그리고
앞으론 절 앨런이라고
불러요.
봄베를 완성하려면 모든
바퀴를 최상의 조건으로
관리해야 했죠.
그래요, 앨런.
멈춰놓는 건
죄악이었어요.
웅웅웅웅웅웅웅웅웅웅웅웅웅웅웅웅웅웅웅웅웅웅웅웅웅웅웅웅웅웅웅웅웅웅웅
다다다다다다다다다다다다다다다다다다다다다다다다다다다다다다다다다다다
그리고 당연하지만 그것들을
서로 정확하게 연결해야 했죠.
다양한 회전날개와 계기(計器)를
전부 복제하려면요.
영국은 사로잡힌 독일군의
유보트에서 실제 회전날개 몇 개를
얻었어요. 1940년에 사용되던
'돌핀(Dolphin)'이라는 에니그마에
쓰이던 것들이었죠.
튜링 박사?
이 시간에
웬일이죠?
하지만 우리의 나머지
이론을 입증하려면
'핀치(Pinch)'가 만들어질
때까지 기다려야 했죠.

*이언 플레밍(Ian Fleming): 제임스 본드 시리즈로 유명한 영국의 추리소설 작가. 제2차 세계대전 당시 영국 해군 정보부에서 특공대 파견과 관리 업무를 맡았다.

… 계기 시스템의 자세한 사항까지 있었어요. 그것들은 튜링 교수의 추론을 입증했죠.

그렇게 우리는 나흘 만에 돌핀 에니그마를 해독했죠.
끝났다!

기계가 아닌 사람 손으로 말이에요. 이것은 딜리를 기쁘게 했죠. 교수는 일이 해결되기만 한다면 어떤 방법을 통해 해결되었는지는 신경 쓰지 않는 듯했어요.

그는 우리가 더 많은 것을 원한다는 것만 알았어요. 하루하루의 키를 오랜 기간 기록한 목록 같은 것들을요.
그러면 우리는 봄베를 설정할 수 있고, 최고 속도로 돌릴 수 있죠. 우리는 그것을 얻는 방법만 몰랐을 뿐이에요.
이 플레밍이라는 사람은 그 물건을 어떻게 얻을지 방법을 알았죠.
확실해요. 내가 당신이 말하는 그 '핀치'를 제안했었다니까.

해군 정보부 책임자 귀하
이언 플레밍 드림
무자비한 작전
그는 내게 이 기획서를 보여 주었죠. 그가 'C'라고 부르는 사람에게 보냈던 문서였어요.

이 문서는 이런 내용이죠. "나는 아래와 같은 수단을 갖춰주면 우리가 노획물을 가져오겠다고 제안한다. 첫째, 항공성에서 나와 안전하게 비행할 수 있는 독일 폭격기."

"둘째, 비행기 조종사와 무선 전신 조작원, 완벽한 독일어 구사자를 포함한 강인한 대원 다섯 명. 이들에게 독일 공군 제복을 입힐 것."
"… 여기에 혈액과 붕대."

"셋째, 독일군 구조대에 SOS 신호를 보낸 이후 해협에 부서진 비행기가 떠 있을 것."

일단 독일군 구명정이 나타나면 선원들을 쏘고 시체를 물속에 던진 다음 구명정을 영국 항구로 끌고 오는 거예요.
좋은 전리품을 얻으려면 해협 한가운데에서 일을 벌여야 하죠.

공격자들은 적의 제복을 입을 테니
사로잡혀서 총살당하기 쉽죠.
어쩌면 그 사건은 선전하기
아주 좋을 겁니다.
장난삼아 그런 행동을 했다고
할 수도 있죠.
멋지군요. 지금
준비가 된 건가요?

아직 인원을 다
모집하지는 못했습니다.
하지만 비행기 조종사는 수영
잘하는 힘센 사람으로 골라야겠죠.
적격인 사람을 알아요.
좋군요! 그럼 언제
할 건가요?
글쎄요, 행동으로
옮기기 전에 승인이
필요합니다. 승인이 곧
나기를 바랄 뿐이죠.

하지만 결과적으로는
승인이 나지 않았죠.
그때 4번 오두막의 책임자는
프랭크 버치(Frank Birch)였어요.
딜리와 우리 요원들을 감시하는
사람이었죠. 그리고 그는 우리에게
'C'가 명령하지 않았다고
얘기했어요.

당신은 시체를 가지고
장난치려는 장의사 같군.
버치, 당신은 마, 만약
우리가 이 핀치를 얻으면 무엇을
해낼 수 있을지 알아요?
그러면 당장 에니그마를 해독할
수 있는 거라고요!

기계는 준비됐고
플레밍도 여기에 관심이
많으니 당신들은 자원자
네 명만 더 데려오면
된다고요.
목숨을 잃는 게
뻔한 임무라네.

그리고 그들은
독일의 폭격기가
필요하지.
그래서…
요즘 런던 하늘에
많이 떠 있는 것들
말이죠. 프랭크, 당신은
우리를 위해 이 일에
개입해야 해요.

앨런… 'C'는 플레밍의
명령을 받지 않아. 그리고
해군은 우리의 명령을
받지 않는다네.
엄밀히 말하면
우리는 존재하는 조직도
아니야.

만약 그 폭격기 가운데 하나가
런던 대신 여기 블레츨리를 공격
목표로 삼는다면 우리는 흔적도
없이 사라지는 걸세.
영국 공군은 우리를
보호하지 않아. 우리는 서류상에
존재하지 않거든. 그러니 우리가
죽어도 우리 아내나 어머니에게는
위로금이나 훈장을 주지
않을 거야.

그건 그럴 수밖에
없는 거죠.
하지만 그들에게
우리가 필요하고,
그들은 우리에게
의존해요.
그렇다고 그걸
우리가 염두에 둘
이유는 없어.

딜리에 대해서나 잘 연구하게.
그 시끄러운 기계로 칙칙폭폭,
부글부글 신기한 연구를
해보라고. 뭔가 새로운 방법을
찾아낼 때까지 말이야.
후유!
그게 전부일세.
나가는 길에 딜리더러
들어오라고 하게.

우리가 할 수 있는 일은
많지 않았죠. 그리고 딜리가
물러나겠다고 또다시 협박했고요.
그래서 버치는 아주 바빴죠.

이렇게 기계 설비에만 초점을
맞추면서 해독 작업을 기밀 업무와
분리하다 보면…
그리고 튜링도 문제입니다.
그는 영리하지만 무책임하고
자기 생각을 마구 내뱉기만
한다고요.
내 말 좀 들어
보게. 나도 알아, 딜리.
하지만…
제가 바라는 것은
단 한 가지입니다.
튜링의 아이디어를 질서 있게
정돈할 힘과 권위가 있으면…

그 이후로도 몇 달 동안
돌파구는 열리지 않았죠.
하지만 1941년 3월
'로포텐 핀치(Lofoten Pinch)'가
우리에게 전해졌는데, 여기에는
이전 30일에 해당하는 키가
완전하게 들어 있었어요.
CALM
AND
CARRY
ON
4월까지 우리는 돌핀 해군
운항에 대해 전부 해독했죠.
가능한 한 최근에 해당하는
내용까지 말이에요.

그리고 그때쯤 교수가
청혼했죠.
그게 얼마나 이상했는지
꼭 말해줘야겠네요.
그건 당신이
그를… 몰라서
그래요.

아니에요, 당연히 알죠.
교수가 내게 말했는걸요.
다들 알았죠.
앨런이 그렇게
독특하지는 않았어요.
당신도 알겠지만요.
굳이 멀리 가지 않아도,
앨런 같은 사람은 블레츨리에
꽤 많았어요.

그럼 앨런이 사귀었던
사람에 대해… 기억나나요?
남자친구 말인가요?
해군 가운데 앨런 같은 성향을
가진 사람들이… 있었어요.
그 사람들이 앨런에 관해
눈치챈 것 같지는 않지만요.

게다가 본인이 속한 집단 밖의 사람과 친하게 지내는 건 반역죄였어요. 그래서 앨런이 선택할 수 있는 범위는 몹시 좁았죠.
그는… 음, 어쨌든 시간도 없는데 다른 얘기를 할게요.

그리고 앨런은 음… 이제 전 에니그마 얘기를 할게요. 그게 더 중요하잖아요, 그렇죠?
에니그마는 수수께끼란 뜻이죠. 앨런은 무척 열중해서 그것을 풀었고 가끔은 다른 사람에게 무례하게 대하기도 했죠.

무엇이 앨런의 진정한 모습인지 알 수 없었어요. 머그컵을 사슬로 묶기도 했고.
내가 앨런의 어떤 면을 좋아했는지 잘 모르겠어요. 어쩌면 앨런의 말은 그저 농담이었을지도 몰라요.
앨런이 사귀는 사람에게 넋을 잃고 빠져 있다든지 시를 썼다든지 한 것 같지는 않아요.

청혼했을 때를 생각하면 확실히 문학적인 면모라고는 없었으니까요.
조앤, 나랑 결혼할래요?

그래서 실망스러웠나요?
음… 그래도 받아들였잖아요.

나는 앨런을 좋아했어요. 그의 동성애 기질은 그렇게 별난 것도 아니었어요. 다른 사람과 비교해보면 말이죠. 조시 쿠퍼(Josh Cooper) 같은 사람을 보면 내 말을 알 수 있어요.
쿠퍼의 사무실은 앨런의 사무실과 가까웠죠. 그래서 나는 그를 종종 만났어요.

튜링, 잠깐만 기다리게.
쿠퍼.
OUT
LBW

긁적 긁적
무슨 특별한 소식이라도 있나?
좋아 보이는구먼. 르포텐이 성과를 올리는 중이고, 우리는 기계를 몇 군데 멈춰 세워보고 제대로 작동하는지 확인하고 있어.

난 일할 준비됐네. 자네도 내가 그렇다는 걸 알잖아. 우리가 며칠 정도 늦었지만 어쨌든 난 준비됐네.
나도 알아. 그리고 여군들은 최고 속도로 일하면서 봄베를 돌리고 있어. 그리고 동시에 보수 작업도 잘하지.
하지만 지금은 차를 좀 마시는 게 어때. 사람이 좀 쉬어야지.
차? 그래, 차를 마셔야지! 아주 좋아.
긁적 긁적

"아주 좋아"라니.
내가 당신 차도 좀 갖다 줄까요? …
싫어요.
내 말은, 괜찮아요.

아, 그렇군요. 어쨌든 새로운 전환이 필요한 때예요. 난 요원들이 잘하나 확인해야겠어요.

이걸 좀 가져가도 되나요?
음, 아, 그럼요.
OUT

어디로 가져가면…?
3번 오두막이요.
부, 부탁합니다.

그나저나 난 쿠퍼의 책상에서 궁금한 게 있어요.
'햄놓자'라는 이름표가 붙은 세 번째 바구니는 뭔가요?

아, 그건… '햄버거 놓는 자리'라는 뜻이에요.

아, 그렇군요,
그럼 다음에
봐요.
네.

여기 사람들이 다들 정신이 나간 것만은 아니었어요. 무척 똑똑한 사람들이었죠. 여기에는 작가인 윌슨이 있었는데, 앨런과는 달리 자기 역할에 어울리는 옷을 입었죠. 그리고 언어학자인 쿠퍼와 체스 챔피언인 휴 알렉산더(Hugh Alexander)도 있었어요.

나는 휴와 앨런이 체스를 두던 때가 생각나요. 앨런이 대개 시합을 포기하고는 했지만…
… 그러면 휴는 체스판을 반대로 돌려 앨런이 두던 말로 시합을 다시 시작했죠.

… 앨런은 그제야 휴를 보기 좋게 이길 수 있었죠.
앨런은 그걸 즐겼어요!

8번 오두막에서 가장 별난 사람은 아마 나였을 거예요. 유일한 여자였으니까요.

어쨌든 BP, 스테이션 X, 펨브로크 5호, 외무부 47번 방… 어떤 암호명으로 부르든 간에 그곳은 사람들이 별난 짓을 하게 했던 것 같긴 해요.
이런, 제발 그만해.
3번 오두막 만세!
8번 오두막 만세!

봄베를 만들었던 기술자들은 이곳에서 일하는 사람들을 싸잡아 '똑똑한 시체들'라고 불렀죠.
그건 아마도 상황이 잘못 돌아가면 아무도 그들… 아니 우리들을 구해 주지 않을 것이기 때문이었어요.

말이 나와서 말인데… 약혼은 어떻게 된 거죠? 당신이 앨런에 대해서 알았다면 왜 그런 약속을 했어요?

음, 난 앨런을 좋아했어요. 그는 친절하고 재밌고, 몹시 영리한 사람이었죠.
당신이 이해하리라고 생각하지 않아요. 하지만 당시에는 다들 그렇게 했죠.

우리는 둘 다 결혼이 제대로 이뤄지지 않으리라는 사실을 알았어요.
다만 언제 헤어질지 확실하지 않았던 것뿐이었죠.

얼마 되지 않아 우리는 쉬는 날에 같이 자전거를 타러 갔어요.
앨런, 필요하면 방독면을 써요. 나는 신경 쓰지 말고요.

하지만 작은 사고의 연속이었죠. 방 예약은 제대로 되지 않았고 교통편도 놓쳤고요.
죄송합니다, 튜링 박사님. 하지만…
그렇게 뻔뻔하게 거짓말을 늘어놓다니 믿을 수 없네요! 이 전보를 보면 방들이 예약되었다고 하잖아요.

자전거도 망가졌고,

비까지 왔죠.

그야말로 전쟁 통의 영국이 재현된 꼴이었죠. 하지만 난 꽤 즐거운 시간을 보냈어요. 하이킹도 재미있었고요.
하지만 무슨 이유에선지는 몰라도 앨런은 줄곧 화가 나 있었어요.

그게 나 때문인 것 같지는 않았죠. 어쩌면 모든 인습과 관례 때문이었을까요?

난
모르겠어요.
나는 훨씬 나중에
그의 어머니에게 물어 봤죠.
하지만 앨런의 어머니는
입을 꽉 다물었죠.

하지만 결국 앨런은
전부 끝내자고 말했죠.
시 구절과 함께요.
인용한 것이었지만요.
그래도…

"몇 사람은 씁쓸한 표정으로그 일을 하고,
몇 사람은 아첨하는 말로 그렇게 하네.
겁쟁이는 입맞춤과 함께 하고, 용감한 사람은
칼을 뽑아 그 일을 해내지."
이, 이건 오스카
와일드의 시예요.
아시겠지만요.

알아요, 교수님.
그리고 난… 이해해요.

…
한동안은 기분이
이상했지만, 어쨌든 대판
싸워서 다 뒤집어엎었다거나
그런 건 아니었어요.
우리가 약혼을
공식적으로 취소한 게
언제였는지는 기억나지 않아요.
일기장에도 적어 놓지
않았던 것 같아요.

총리가 방문했을 때는 어땠어요?
여기에 대해서는 잘 모릅니다만.

그건 1941년
9월 6일의 일이었죠.
당연히
일급비밀이었어요.

하지만 당연히,
눈치채기는 쉬웠죠.

안녕하십니까,
총리 각하.
안녕하세요,
장교 여러분.
아, 저희는 장교가
아닙니다, 각하.
정말인가요?
음, 사람을
겉모습만 보고
판단해선
안 되는데.
각하?
으흠, 그럼 이곳
주인을 만나게
해주구려.

각하, 죄송하지만
이곳에는 주인이 없…
세상에, 자네들은
제복을 입지 않은 것도 모자라
유머 감각도 없군요! 당연히
나도 알아요.

하지만 이곳은 이렇게 존재하죠.
자, 그럼 다우닝가 총리 관저에 '엄청난 특급
비밀'을 날라주는 이곳의 친구들, 그리고
숙녀분들을 소개해주세요.
여기에 기계가
있다고 들었는데?
그렇습니다, 각하.
하지만 먼저…

… 그렇지, 여기 요원들을
먼저 만나야겠지.
누구부터 만날까요?

하!

데니슨?
아, 저 사람은
오두막에서 일하는 요원
가운데 한 명입니다.

오두막이라고요.
아, 그렇군요.

…
각하, 이곳이 특별한 지적 능력이 있는 사람들을 데려다가 국왕 폐하의 정부에 필요한 일을 시키는 곳이라는 사실을 이해해주셨으면 합니다.
'밤 날씨'에 '나는 너무 외로워' 같은 표현이라니. 한 번만 더 '소변 볼 시간' 같은 문구를 읽어야 한다면 난 관둘 거야!
그러니 저희는 특별한…

허가가 필요합니다.
그렇군. 그럼 저쪽 오두막을 좀 둘러보세.

여기 있었군요, 당신이 이곳 주인이죠?

아닙니다, 각하. 여관 주인은 진짜로 존재하는 게 아니에요. 이곳 블레츨리의 암호명이…
아! 제가 아주 형편없는 첩보원이라고 생각하시겠군요. 사실 그렇죠.

이 방에서는 그렇군요. 하지만 여기서 일하는 모든 사람을 통틀어 볼 때 당신이 제일 정상으로 보여요.
이곳을 좀 소개해주세요. 이름이 뭐죠?

클라크입니다, 각하. 조앤 클라크요.
그래서 나는 총리에게 가장 비밀스러운 암호 해독이 어떻게 이뤄지는지 보여줬죠. 암호명이 독일의 수호성인이었던 나로서는 꽤 역설적이고 낭만적인 일이었어요.
우리는 독일군의 메시지가 새로운 것과 동일한 것, 의미 있는 것과 반복되는 것의 혼합으로 이루어져 있다는 점을 얘기했어요.
나는 앨런이 뭔가를 알아내면 의논하는 자문 역할을 했으므로 내 설명은 적절했죠.

그러니 그 대단하다는 프로이센도 우리 편이 되는 셈이군요.
그렇습니다, 각하. 메시지 속에서 적군은 특정 문구와 장소를 반복해서 언급하죠.

'히틀러 만세', '모두 조용할 것', '특별한 보고 사항 없음', '그날 날씨'처럼 말입니다.
우리는 그것들을 쪽지라고 부릅니다.

아, 그래서 아까 그 나비넥타이 한 친구가 '밤 날씨'니 '소변 볼 시간'이니 중얼댔던 거군요?
그렇습니다.

그러면 여기서 안절부절못하던 사람도 우리 동맹군인가요?
네, 각하. 그럴 겁니다. 여러 가지 의미로요.
하하. 정말 여기선 멋진 일이 벌어지는군.

그리고 여기가 그…
독일 육군과 공군의 이동 경로를 해독하는 곳입니다.
그럼 저것은…

여군들이 여기서 메시지를 받죠.
그리고 이렇게 신호를 전달합니다.
퉁

당신이 그 물건으로 하는 일이 그것이군요. 확실히 원래 용도로는 쓰지 않는 듯하네요.
네, 그렇습니다.

3번 오두막의 해독 작업은 여기까지입니다.
아, 그래요. 그리고 저건 난방 배관이라 추정할 수 있겠죠.
음… 네, 그렇죠.

멋지네요.
멋지다기보다는 일을 정말로 해내죠. 그 메시지들은…
그리고 우리가 공략하려는 독일군의 또 다른 약점은 에니그마 기계 자체입니다.
여기 있는 교수님의 봄베로요.
교수님이라고요?

앨런 튜링 말입니다. 그 사람은 여기 8번 오두막의 젊은 요원 가운데 하나로 보일 겁니다. 하지만 튜링은 이 계산 기계를 발명했어요. 봄베라고 들어보셨을 겁니다.
그렇군요.
봄베가 멈추면, 우리는 암호 텍스트에 대한 우리의 추측과 해독문 사이의 무모순성을 찾아냅니다.
우리는 중단된 봄베를 보고 설정을 확인하죠. 만약 우리의 해독문이 이해할 수 있는 독일어를 산출한다면 제대로 해낸 거예요. 그날은 최고의 날이죠.
그러지 않을 수도 있지만요. 만약 쪽지가 잘못됐거나 구성 요소 가운데 하나의 수리 상태가 좋지 않다면 기계는 실수할 수 있습니다. 적어도 우리를 잘못 이끌 가능성이 있죠.

그렇기에 사람의 손길은 여전히 필요합니다.
당신을 비롯해 여러 괴짜 과학자가 그런 일을 하는군요. 이 오두막에서…
8번 오두막입니다. 음, 우리는 검증과 시험, 새로운 가능성 산출과 개선 작업을 하죠.

그러면 지금은 왜 일하지 않을 거죠?
음, 오늘의 암호는 이미 해독을 마쳤거든요.

철컥
하지만 뭔가 일하는 중이라면 이런 소리가 납니다.
이런 소리가 계속해서 들립니다.

오늘은 언제 기계가 멈추었죠?
철컥
새벽이었죠. 튜링이 최근에 성과를 낸 덕분에 기계가 몇 배나 빨라졌어요.

자주 있는 일이에요. 튜링은 웰치먼(Welchman)의 대각선법을 받아들였고, 우리는 평행…
클라크 씨, 오늘은 이미 충분한 설명을 들은 것 같군요.

그리고 돌아가면 여러분이 나에게 전해주는 메시지를 잘 읽겠소. 설명해줘서 고마워요.

하지만 돌아가기 전에 이곳의 훌륭한 사람들에게 몇 가지 할 말이 있소.

음, 그럼…
나는 여러분이 제정신이 아니라는 사실은 알았지만, 이렇게 다들 젊은 사람인줄은 몰랐습니다.
총리는 짧게 농담을 건네더니 본론으로 들어갔죠.
하하하하하하하
하지만 이곳에서 젊음은 사소한 단점이고 광기야말로 덕목이죠. 오늘 여러분이 수행하는 작전을 살펴보니 국왕 폐하의 정부가 여러분에게 빚을 지고 있다는 사실을 알겠습니다.
총리는 그렇게 얘기를 끝내고 떠날 채비를 했죠. 그리고 우리는 일상으로 돌아왔어요.

내가 제일 아끼는 머그잔이 필요해. 누가 옮겼는지는 몰라도…

이곳 직원을 모집할 때 내가 자네더러 모든 수단을 다 써서 어디서든 데려오라고 했지.

자네는, 잘하고 있군.
하지만 자네가 그 말을 문자 그대로 받아들였으리라고는 예상하지 못했네.

나중에 총리는 우리를 이렇게 불렀죠. "황금알을 낳지만 시끄럽게 울지 않는 거위."

봄베는 거의 700번 작동했죠. 시계태엽 장치처럼 해독을 해냈고, 암호해독자와 번역자들은 그 양에 압도당하기 시작했어요.
그래서 앨런은 총리에게 편지를 썼죠.
이, 이렇게 쓰면 어떨까. "몇 주 전에 각하는 영광스럽게도 우리를 방문해주셨습니다. 그래서 우리는 당신이 우리 작업을 중요하게 여긴다고 믿습니다."

앨런은 8번 오두막에 근무할 초보 사무원 20명, 6번 오두막에 근무할 숙련된 타자수 20명, 그리고 봄베를 시험하고 작동할 여군들이 필요하다고 요청했어요.

그건 지나친 요구야, 앨런. 우리가 중동의 기밀 정보를 해독하려면 20명이 더 필요하다고 요청하면 총리는 그 이유를 궁금해할 거야. 더 조심스럽게 요청해야 한다고.
그, 그럼 다른 곳에서 요청했던 직원 수를 줄이든가! 딜리에겐 이미 요원이 17명인걸.

이런 밀고 당기기가 한동안 계속되었지만, 마침내 이들은 필요한 것을 그대로 요청하기로 합의했죠. 조심스럽게 암호 같은 걸 사용하지 않고요. 그리고 요청 사항을 우편물에 넣었어요.
그냥 이대로 우편함에 넣을 건 아니지, 그렇지?

특별한 배달 방법을 사용해야 했지만요.
10
우리의 편지는 1941년 10월 21일에 총리에게 도착했죠.

편지는 총리에게 긴급히 전달되었죠.
"봄베 오두막에 여군을 더 보내달라"니? 이게 대체 무슨 소리야?

이게 무슨 귀신
씨나락 까먹는
소리야?
저도 처음 봅니다만…
시행할 것
진심인가?
3급 여성 사무원 20명과
훈련된 타자수 20명?
말도 안 되는군.
튜링이 여자가 더 필요하다고
하다니. 지나가는 개가
웃을 일이야.
그만하게.

그들이 하는 일은 무엇보다
긴급한 일이네. 그리고 제대로
시행되었는지 내게 보고하게.
각하!

그럼 그렇게
하겠습니다. 이
미치광이들에게 또
무엇을 보낼까요?
바라는 건 다
해줘. 다시 말하지만,
무엇보다 긴급한
사안일세.

그렇게 우리는 완전히 해독한 독일 나치 군대의 메시지를 실시간으로 전달했죠. 미국이 참전하기도 전에요.
미국이 일단 참전하자 처칠 총리는 미국에 우리의 존재를 알릴지 말지 결정해야 했어요.
전쟁 중에 진실은 너무나 귀하죠. 그래서 그 진실은 항상 거짓말에 휩싸여 등장하게 됩니다.

처칠은 어떤 결정을 내렸죠?
나는 몰라요. 우리 거위들은 많이 알아서는 안 되었죠.
죽을 때까지요.

아마 튜링도 몰랐을 거예요. 하지만 그들은 결국 뭔가 일을 시키려고 그를 미국에 보냈죠.
하지만 그건 나중이었죠.
상어가 지나갔음.
우리는 나치가 에니그마에 또 다른 회전날개를 덧붙였을 때 그렇게 말했어요. 그러면 내 방식으로 돌아가는 거죠.

완력이 아니라 머리로 일하죠.
웅웅웅웅웅웅웅웅웅웅웅웅웅웅
다다다다다다다다다다다다다다
튜링의 운명은 어떻게 되었나요? 그렇게 당국의 전폭적인 지원을 받았는데 말이죠. 그의 기계는요?
기계가 빨리 멈추지 않았어요.
IN
OUT
LBW

어쨌든 암호 해독술을 연구하려면 머리가 좋아야 해요. 나는 내 사직서가 반려되어 기뻤죠.
웅웅웅웅웅웅웅웅웅웅웅웅웅웅웅웅
다다다다다다다다다다다다다다다
가끔은 봄베가 잘 먹히기도 했어요. 독일군의 모든 수신국에 새 기계가 설치되지는 않았기 때문이었죠.
하지만 결국 모든 수신국이 새 기계를 설치하고 말았죠. 그래서 우리는 다들 딜리의 방법으로 돌아갔어요.
사람 손으로 일일이 분석하는 것이었죠.
10월 30일 까지는요.

… 2240시간, 지중해 동부,
12시간의 폭뢰 공격…
구축함 피타드(Petard)호는
독일의 U-559호를 수면
위로 떠오르게 했죠.
지옥에나
떨어져!
젠장!
뛰어내리자!
격침하자!
저들이
보이는가?
빨리!
독일군은 혼란에 빠졌죠.
그러는 동안 우리 군대의
일부는 저 안에 들어갈 수
있겠다고 생각했어요.

그래서 피타드호에서는
갑판사관 앤터니 패슨과
이등병 콜린 그레이지어를
파견했어요.

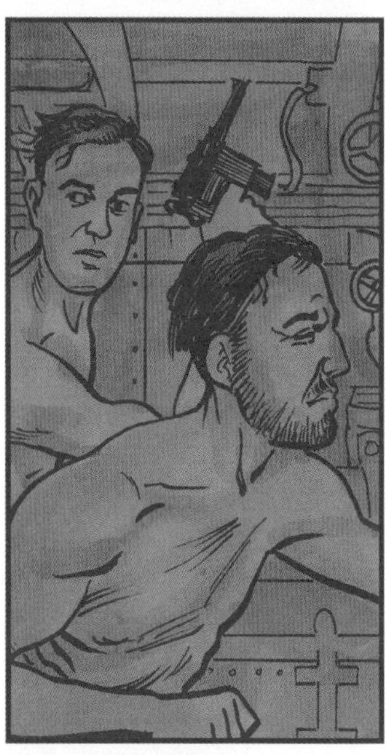

유보트 내부는
놀라울 정도로 복잡했죠.
그래도 두 사람은 무엇을
찾아야 하고 그게 어디에
있는지 알았어요.
··· 이들은 잘 훈련되어
효율적으로 움직였죠.

그건 두고 와요.
이쪽입니다.
좋아요.
이걸 챙겨서
올라갑시다.
가요.
이걸 꼭 가지고 가요.
물살이 거세군요.
이게
전부예요?
앤터니는
어디 있나요?

시간이
별로 없어.
알아요. 하지만
저기 가져올 게
더 있어요.

선장실로
갈게요.
잠깐만 더
기다리십시오.

콜린, 앤터니, 이제
시간이 없어.

이게
마지막일 거야.

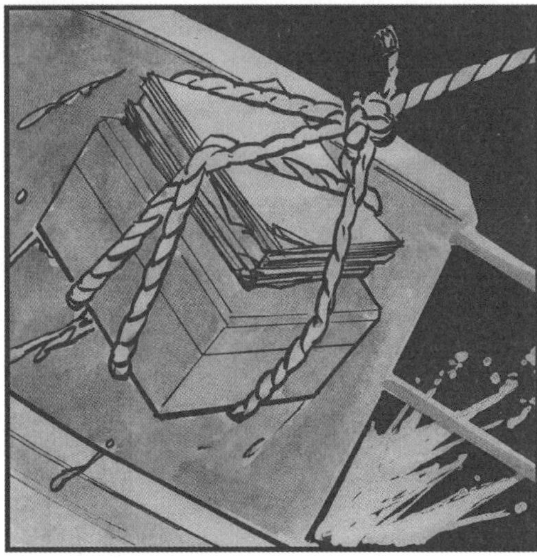

유보트의 선원들은 회전날개를
몸에 지니도록 지시받았죠.
그리고 유보트를 버리고 떠나면서
그것들을 바다에 던졌어요.
그것들은 너무 약하게
만들어졌거나 차가운
온도에 얼어붙어 제대로
쓸 수 없었죠.
하지만 예상치 않게 얻은
핀치가 또 생겼죠. 이건 예상보다
훨씬 좋은 거였어요.
ENIGM

독일인도 알겠지만
U-559호는 완전히
가라앉아 자취를
감췄어요. 이런 게
적군 손에 들어갈지
상상도 못 했을 테죠.
거의 그랬을 거예요.
이걸 가져오다니 정말
'무자비한 작전'다웠죠.

웅웅웅웅웅웅웅웅웅웅웅웅웅웅
다다다다다다다다다다다다다다
우리에게는 그 핀치가
필요했고, 11번 오두막은
곧 전속력으로 일하기
시작했죠.

그것을 손에 넣으니 그곳에서 내 작업은 거의 끝났어요.
그럼 또 다른 자리로 발령이 난 건가요?

네, 이번에는 좀 멀리 떠났죠.
당신에게 새로 부여된 임무가 뭐였나요?

아, 사람들에게 얘기하는 일이었어요.
벨연구소
미국 뉴저지

뭘요…?

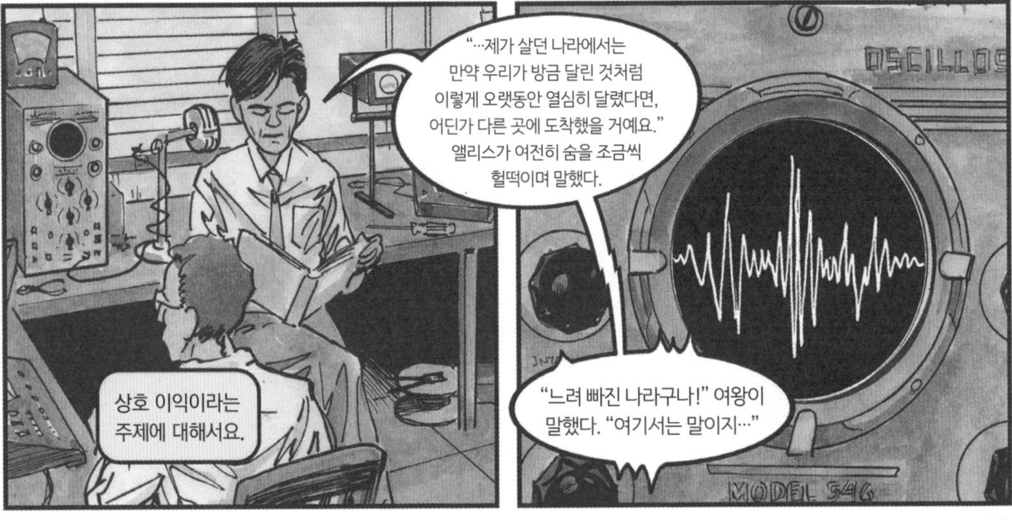
상호 이익이라는 주제에 대해서요.
“…제가 살던 나라에서는 만약 우리가 방금 달린 것처럼 이렇게 오랫동안 열심히 달렸다면, 어딘가 다른 곳에 도착했을 거예요.” 앨리스가 여전히 숨을 조금씩 헐떡이며 말했다.
“느려 빠진 나라구나!” 여왕이 말했다. “여기서는 말이지…”
MODEL 546

자, 이제 수신기에 핵심 신호를 적용해요. 그러면 이렇게 다시 나오죠.
"느려 빠진 나라구나!" 여왕이 말했다. "여기서는 말이지…"
다시 말해 암호화한 다음 해독하는 거군요. 알겠어요.
…실시간으로요. 당신 말이 맞아요.

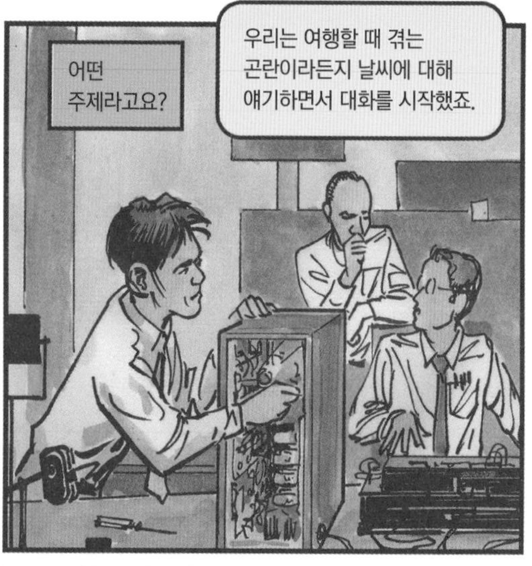
어떤 주제라고요?
우리는 여행할 때 겪는 곤란이라든지 날씨에 대해 얘기하면서 대화를 시작했죠.

그러고 나면요?
그러면 다른 주제로 옮기죠. 즐거운 저녁 시간 되라고 예의상 인사하는 것 같이요.

아니면 숙소로 안전하게 귀가하는 방법에 대해서요.
…

그게 누군가에게 생산적이거나 궁금한 주제인가요?
안녕하세요, 이 자리에 누구 올 사람 있나요?
누구한테요?

누구든지요.
아니오.

*Turingismus

** Colossus

아, 방식 자체를 말씀하시는 거군요.
하지만 컴퓨터, 그러니까 계산 기계는 구성 방식과는 큰 관련이 없습니다. 솔직히 밸브※ 같은 재료를 사용하죠!
제가 배워야 할 것도 많고요. 하지만 지금은 다른 일에도 손을 대고 있습니다.
외국에 다녀왔다지?
아, 들으셨군요.

자세히는 듣지 못했네.
음, 그렇군요. 이제 저는 정말 쉬러 가야 할 것 같습니다. 차 한 잔 더 마셔야 할 것 같고요.

그게 블레츨리에서 본 튜링의 마지막 모습이었죠.
튜링은 핸슬럽파크(Hanslope Park)로 갔어요. 스테이션 X에 딸린 여러 주둔지 가운데 하나라 할 수 있는 곳이죠.

앨런은 불쑥 떠난 것처럼 보였죠. 물론 친절하게 작별 인사도 건넸지만요.

하지만 나는 전쟁이 끝나고 한참이 지나서야 그를 다시 만날 수 있었어요.

※밸브: 진공관을 말함

한참 뒤에요…
뭐라고요?
세상에, 나한테 왜 그런 걸 얘기하는 거예요?

베, 베일리 씨. 난 당신이 내가 남자에게 끌린다는 사실을 알아야 한다고 생각했어요. 왜냐하면, 블레츨리에서는 모두 알았거든요. 그, 그리고…
… 그리고 뭐요? 거기 사람들이 정신이 나갔다는 건 다들 알아요.
꼭 당신이 그렇다는 건 아니지만…
어휴.

기계 조립 공장에 있을게요.

네, 튜링은
도착하자마자 그 사실을
내게 말했어요. 난 그런 걸 왜
말하는지도 몰랐고요.

...
우리는 모두 임무를
다해야 했죠. 그리고 튜링이 맡은
이 '딜라일라(Delilah)'라는 언어
암호화 프로젝트는 다른 무엇보다
우선순위가 높은 중요한
프로젝트였고요.

음, 우리는 모두 맡은 바
임무를 다해야 했죠.
KEEP CALM AND CARRY ON

축음기 음반이 있지.
이걸 사용해서 청각 키를
전송하는 게 어떨까요?

*셸락(shellac): 동물성 수지의 한 종류

우리는 기계 장치 하나를 만들었죠. 그리고 그걸 '멀티바이브레이터 (Multivibrator)'라 불렀어요.
진공관 한 쌍으로 음파를 추적하는 장치였죠.

찌지직

튜링은 복잡한 수학을 사용해서 음성 신호를 여덟 개의 요소로 쪼갰어요.
그 '푸리어 이론'이 잘 작동하는 것 같아요?
'푸리에 (Fourier)'랍니다! 프랑스어거든요.
열심히 해봐요, 앨런.

결국 우리 일을 해내려면
멀티바이브레이터
여덟 개가 필요했죠.

후, 당신은 정말
서툴군요.
이리 줘요.
내가 해볼게요.

우리는 결과물을 비선형적인 추가
회로에 반영하고 기계적인 변환을
했죠. 그리고 앨런은 자기의 다른
작업 결과를 적용했어요. 그러자…

음, 이론적으로는
작동하는 것 같네요.
파삭!
피 쉬 쉬

조금 더 깔끔하게
정리하면 실험실 안에서도
작동할 거예요.
실제로도 작동했죠.

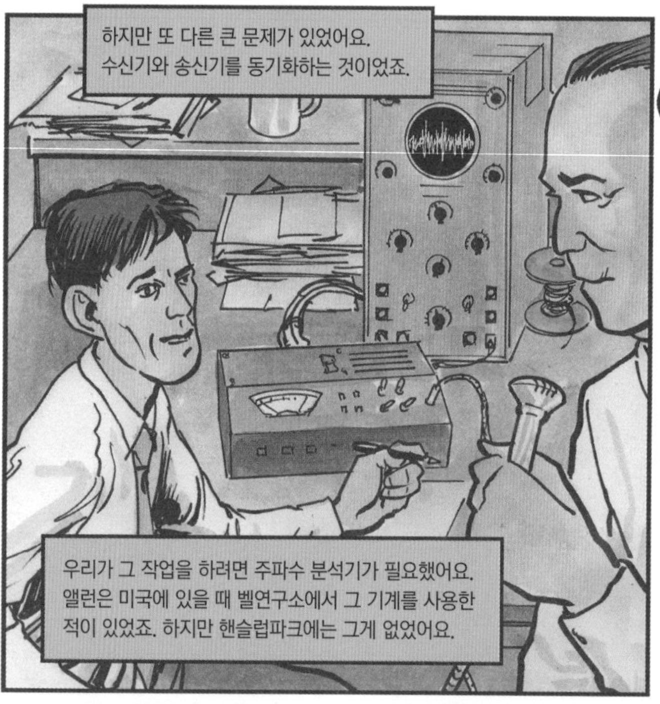
하지만 또 다른 큰 문제가 있었어요.
수신기와 송신기를 동기화하는 것이었죠.
우리가 그 작업을 하려면 주파수 분석기가 필요했어요.
앨런은 미국에 있을 때 벨연구소에서 그 기계를 사용한
적이 있었죠. 하지만 핸슬럽파크에는 그게 없었어요.

아, 음, 앨런과 나는 독일이
전쟁에 패하기 전까지 그걸
완성하지 못했어요.
너무나 갑자기 닥친
일이라 불평할 수도
없었죠.

결국에는
어떻게 되었는지
알아요?
사실 그 프로젝트는
엄청나게 흥미로웠어요.

델릴라를 계속
만들지 못할 것
같네요.
음, 뭐가 문제죠?

연구비가 모자라서도
아니고 시간이 촉박해서도
아니에요. 이제 더는 나치가
우리 목을 죄어 오지
않기 때문이죠.

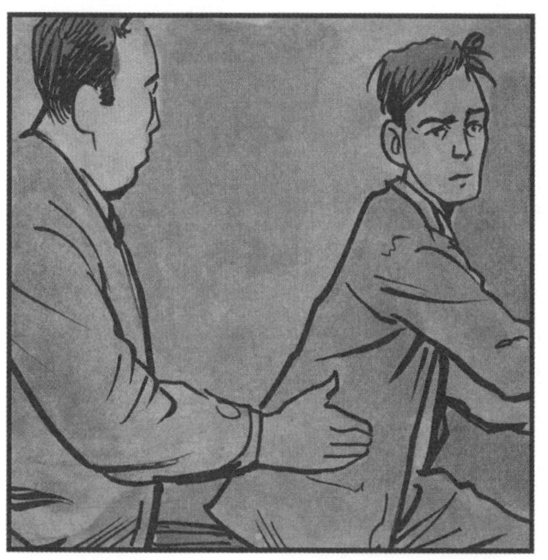

그, 그렇죠.
하지만 앞으로 일이
어떻게 될지는 모르잖아요.
그렇죠? 그러니 상황이
정리되면 제가 나중에
찾아갈게요, 베일리.
…

물론이죠!

하지만 결국
우리는 이후로 같이
작업하지 못했죠.

그래도 우리는
계속 친구로
남았어요.

마지막은
당신인가요?
마지막이라고요?
그게 무슨 말인가요?
하지만 우리가 최후의
명령을 받을 때 그 현장에
있기는 했죠.

독일군이 연합군에 항복하고,
특별명령이 내려졌죠.
… 여러분에게 말했다시피
우리는 우리가 한 일이 우리의
후임자에게 방해가 되지
않게 해야 합니다.

나는 여러분이 이제
친구와 가족 들에게 그동안
우리가 실제로 무슨 일을
했는지 털어놓고 싶으리라는
사실을 압니다.
하지만 그런
사태는 결단코
막아야 합니다.

다시 말하면, 우리 거위들은 절대 시끄럽게 꽥꽥대서는 안 되었죠. 심지어는 우리 일이 어떤 것이었는지 작은 실마리도 남겨서는 안 되었어요.
그래서 우리는 일터를 허물었죠. 전선을 하나하나 떼어냈어요.

예전에는 교수의 드럼통을 하나라도 떨어뜨리면 정말 큰일이었죠. 하지만 지금은?

야호, 다 부수자!

그리고 마침내
신선한 공기와…
햇빛을 보게 되었어요!

사람들은 그걸 단열재로 사용했어요.
이제 그것들은 죄인 취급을 받았죠.

우리는 종이를 전부 빼서 태웠어요.
봄베와 콜로서스 설계도, 그리고
그 밖의 모든 종이 부스러기와 같이요.

이봐요,
교수님!
교수님
아냐?

태우지 못하는
쓰레기가 다 어디로
갔는지는 몰라요.
아마 어딘가에
묻히거나 했겠죠.

어떤 것들은 부수기가 쉽지 않았어요.
오두막의 벽은 사실 폭탄이 떨어져도
견디도록 만들어졌거든요.
블레츨리파크에 폭탄이
떨어진 적은 단 한 번도
없었지만요.

아무도 저 벽 안에서
무슨 일이 일어났는지
수상하게 여기지 않을 거예요.

우리도 입을
꼭 다물었죠.

우리는 단 한 마디도
하지 않았죠.

만약 '기계'와 '생각한다'는
단어의 의미를 일상적인 것에서부터
찾아나가야 한다면,
"기계는 생각할 수 있는가?"라는
질문의 의미와 대답은 갤럽 조사 같은
통계학적인 연구과제가 될지도 모른다.
하지만 그것은 말도 안 된다.
이런 방식으로 정의하려 시도하는
대신,
나는 이 질문을,
그 질문과 밀접한 관련이 있는
또 다른 질문으로 대체하고
더 명확하게 표현할 것이다.
이 새로운 형태의 문제는
어떤 게임의 형태로 기술할 수 있는데,
나는 그것을 이렇게 부르려 한다…

이미테이션 게임

대부분 과학자들은
케임브리지대학이나
옥스퍼드대학으로 돌아갔어요.

그들이 할 일을
다하기 위해서요.
나는 곧장 런던의 테딩턴
(Teddington)으로 향했죠.
거기에는 영국국립물리학연구소가
있었어요.

*Automatic Computing Engine

*Electronic Discrete Variable Automatic Computer

***First Draft of a Report on the EDVAC*

물론 폰 노이만의
행동을 탓할 수만은
없었죠.
앨런은 결국 사정을
알게 되었어요.
하지만 충분히
인정받지 못했잖아요?
앨런은 그 일 때문에 꽤
언짢았을 거예요.
그 일과 더불어, 사람들이
연합군이 전쟁에서 이겼던
게 오로지 미국의 원자폭탄
덕분이라고만 생각한다는
점도 그랬죠.
우리는 그런 이야기를
들어주는 데 질렸죠.
앨런과 나는
핸슬럽연구소에서
얼마간 같이 일했죠.
앨런은 어딘가에서 벗어나고자
자기만의 방법을 택하곤 했어요.
앨런은 지하철, 버스, 열차로 이어지는
복잡한 여행을 좋아하지 않았죠. 그건 아마도
교통수단을 갈아타는 과정에서 우산이나 비옷
등을 잃어버렸기 때문일 거예요.

헉 헉 헉
그래서 앨런은 내게 갈아입을 옷을 부친 다음 빈손으로 도착했죠.
그는 로빈과 나더러 영국국립물리학연구소에서 같이 일하자고 권했어요. 익숙한 사람들과 지내고 싶어서였겠죠.
하지만 나는 별로 관심이 없었고, 로빈은 학교로 돌아갔어요. 박사 학위는 앨런의 지도를 받아서 마쳤지만요.
앨런, 대체 뭐하는…
그게 아니고, 미안해요! 나중에 갈아입을게요.
일단 산책하죠.

그래서… 앨런이 우리에게 들렀고, 우리는 같이 산책하며 계산 기계에 대해 대화를 나눴어요. 한번은 내가 급히 뚝딱 만든 탐지기를 갖고 은을 파내러 간 적도 있죠.

앨런과 그의 친구 챔프가 전쟁 직전에 파묻었던 은괴였어요. 만일을 위해서요.

하지만 앨런은 파묻은 곳을 표시한 지도를 잃어버렸던 거예요.

게다가 눈에 띄는 지형지물도 기억하지 못했죠.
어쩌면 전쟁을 치르는 동안 근처가 많이 바뀌었을지도 몰라요.
아, 맞아. 여기 왔었던 것 같네.
이따 가면서 ACE에 관해 더 얘기해보자고요.
앨런은 어쨌든 자기의 새로운 프로젝트에 관심이 더 많아 보였어요. '저장고'에 관한 문제였는데, 오늘날의 용어로 바꾸면 '메모리'였죠.

안 될걸요. 종이테이프라니, 말도 안 돼요!
괜찮을 거예요. 저장고는 꼭 전자 장비가 아니어도 돼요. 계산 기계가 디지털이라고 해도요.

물론이죠. 내 말은 그게 아니에요. 그걸 종이로 만들면 지시표나 데이터를 뽑는 데 엄청 오래 기다려야 해요.
게다가 빨리 낡아서 떨어지고요.

자기테이프는 어떨까요?
안 돼요. 그걸로 해도 앞뒤로 많이 움직여야 하는 건 마찬가지예요. 그러니 그것도 빨리 닳아요.

자기 와이어는요?
엄청나게 비싸죠. 조니 같은 미국인들은 비용을 감당할 수 있겠지만, 여기서는 어림도 없죠.

우리는 예전 연구소에서
작업했어요. 그리고 음파
지연선을 만들기 시작했죠.
그건 반향실
비슷한 거였어요.

우린 빛의 속도가 아닌
소리의 속도를 다뤘죠.
하지만 사실은 테이프의
속도가 더 나은 표현이었죠.
찌직
이론적으로는 훌륭했지만,
실제로는 가끔 말썽을
부렸어요.
우리는 앨런이 전쟁 전에
묻었던 보물은 결국
발견하지 못했어요.

완전히
잃어버렸던 거죠.
제발, 그만하게.
튜링.

우리는 자네에게
ACE를 정말로 만들라고
하지는 않았네.

하지만 여길 보세요. 나는 그걸 만들어야만 합니다. 왜냐하면…
우리는 일손이 없어.
우리는 자네를 이런 일을 하라고 고용한 게 아니네. 프로그래밍에나 집중하라고.
앨런은 자기가 실제로 ACE를 만들 수 있다고 생각했죠.
그는 한때 이렇게 말하기도 했어요. "그 기계가 결코 실수하지 않을 거라고 예상한다면 그건 지성을 가진 게 아니다."
앨런은 그들에게나 자신에게나 정정당당하고자 했죠.
앨런은 자기가 실수할 수도 있다고 생각했지만, 적어도 그 기계를 만들 기회는 있었으면 했어요.
그래서 앨런은 그곳을 그만두었고 케임브리지대학으로 떠났죠.
앨런은 케임브리지대학에 있으면서 맥스 뉴먼에게 다시 연락했어요.

*Computing Machinery Laboratory

… 영국국립물리학연구소와도
달랐어요. 블레츨리와도 많이 달랐죠.

"자연의 비밀을
다루는 중요하고 몹시
특별한 작업들…"
등등… 당신이
했던 작업은…
"…아주 만족스러운
문제에 대한 것이다."

…

그래서 당신은
전쟁 때 군인으로
복무했나요?

음, 그건 말씀드릴 수 없습니다.

흠. 아니, 무슨 일을 했냐고요.
말씀드릴 수 없네요.

누구랑 일했습니까?
말씀드릴 수 없습니다.

그러면 당신이 말할 수 있는 건 뭡니까, 튜링 박사?
…

나는 우연히도 논리학과 계산에 대해서는 꽤 할 수 있는 말이 많네요. 그리고 지능을 가진 기계에 관해서도 탐구하고자 하는 몇 가지 아이디어가 있습니다.

이, 이봐요. 이미 여기서 일하기로 한 것 아닙니까, 아닌가요?

뉴먼 박사님!
앨런, 벌써 도착했나?
맥스!
그래, 앨런. 잠깐 밖에 나가 있게. 내가 당장 해결해주겠네.

자, 얘기가 됐네.
이제 가자고.
뭐라고 말했나요?
그냥 자네에 대해서
있는 그대로 말했지.

그리고
그쪽에게는 자네에
대해 자세히 몰라도
된다고 했어.
이제 사무실로
가자고.

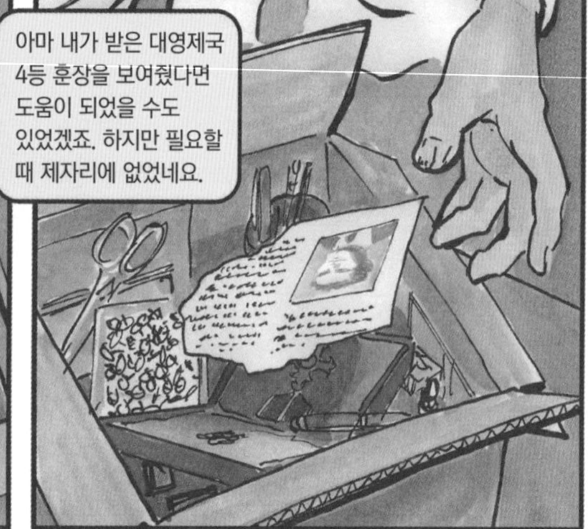
아마 내가 받은 대영제국
4등 훈장을 보여줬다면
도움이 되었을 수도
있었겠죠. 하지만 필요할
때 제자리에 없었네요.

하지만 어쩌면 그런 건 이곳 맨체스터에서는 통하지 않았을지도 몰라요. 맨체스터라는 도시나 대학 둘 다요. 사람들이 그런 훈장은 전혀 대단하지 않다고 생각하는 듯했죠.

그건 나랑 잘 맞는 점이었어요.
거기서 멋진 작업을 했더군.

챔프, 로빈! 반갑네!
여기를 구경시켜줄게.

*맨체스터 자동 디지털 기계(Manchester Automatic Digital Machine)

내 어머니를 생각하며 '부인'이라는 별명을 붙였지.
하하

음, 이건…
이건 뭐니?
아, 그건 음극선관이야. 이곳의 위, 윌리엄스와 킬번이 저장소 시스템으로 사용하라고 힘들게 얻어다 줬어.

…
저장소라고?
메모리지.

그러면 기계를 이미 만든 거야?

거의 만들었지. 여기 오고 나서.

나, 나는 지시표에
훨씬 더 관심이 있어.
프로그램 말이야.

정말이야?
영국국립물리학연구소에서
일할 때는 그렇게…

…
으음, 사실은 굉장히
흥미로워. 나는 막 메르센
소수*를 이전보다 훨씬 빠르게
계산하는 방법을 찾아냈어.
이런 식으로 하면
언젠가는 기계가 체스도
둘 수 있겠지. 그렇지
않니, 챔프?

물론이지. 나도
연구해보고 싶군.
그런데 넌 기계를
위해 이 번역 작업을
전부 해야겠군.
내 말은…
그건 뭐야?

베이스 32를
사용한 40비트
라인이야. 쉬운 작업을
위해 반대로 적어
놓았지.
그렇군. 폰 노이만이
그 힘들고 단조로운 작업에
대해서 말해준 적이 있지.

*2^n-1 꼴의 소수

폰 노이만은 쓸데없는 말이 많지. 그렇지 않니? 사실 이 작업이 제일 흥미로운 거야. 그리고…
그리고 처리 과정의 기계적인 부분은 결국 기계 자체로 돌아갈 거야.
그러면 기계가 스스로 프로그램을 짤 거란 말이야? 그렇게는 안 될 텐데.

나는 전에 이런 식으로 쓰지는 않았지만… 그렇군.
만약 우리가 보편 기계를 만든다면, 그리고 시작할 때 올바른 알고리즘을 제공한다면 그것은…

그럼.
그럼, 음.
이제 나머지를 볼까?

내가 사려고
봐둔 집을
보여주겠어.

이곳의 나머지
부분은…
뭘 말하는 거야?

아무것도 아니야.
자, 가자고.

우리는 홀리미드로
갔죠. 맨체스터 시내에서
남쪽으로 한참 내려간
곳에 있었어요. 그래서
유감스럽게도 시내 구경은
많이 하지 못했어요.
앨런은 구경할
거리가 별로 없다고
하더군요.

홀리미드는 밖에서 보기에는
좀 허름해 보였죠.
하지만 앨런은 내부를
어떻게 꾸밀지 전부
계획을 짠 상태였어요.

정원을 한 바퀴 돌며
체스를 둘 수 있겠군. 예전에
했던 그 장애물 경주 말이야.
… 그런가? 그럴 수도 있지.
시도해도 나쁠 건 없겠지.

주변에 친하게
지내는 사람은
좀 있어?
음, 웹스 가족이 이 집
뒤편에 살아. 롭이라는
어린 아들이 있지.

똑똑한 애야.
부모님도 아주 좋은
사람들이고.
… 부모랑 같이
사는 사람이야?
물론이지, 그 애는…
아니, 세상에 그럴 리
있겠어? 롭은 겨우
대여섯 살 정도인걸!

그리고 맥스 뉴먼이랑
그의 가족도 멀지 않은
곳에 살아. 맥스의 어린
딸들도 사랑스럽지.
음… 그게 전부야?
네 나이 또래의
친구는 없어?

음, 월턴 육상 클럽에 나가서 달리기하곤 한다네.
서리(Surrey) 주까지 가서 말이야? 몇 시간 거리일 텐데. 내 말은 여기 친구 말이야.
음, 클럽 사람들은 같이 우, 운동하기 좋아.

앨런은 1948년에 열린 런던올림픽 마라톤 출전 선발 경기에서 자기가 좋은 성적을 거둔 것이 클럽 사람들 덕분이라고 했어요.

ALTON
아마 5등을 했었죠.

맨 체 스 터 대 학
그랬던 만큼 클럽 청년들과 계속 같이 뛰고 싶었을 거예요.

맨체스터라는 도시는 그와 잘 맞지 않았기 때문이죠.
맨 체 스 터 대 학

그는 같이 얘기 나눌 사람이 많지 않았어요.

그는 물론 많은 편지를 썼죠. 그중에 꽤 많은 편지가 로빈에게 보내는 거였지만요.

편지는 대부분 수학에 관한 내용이었어요. 심지어 자기가 한 연구도 아니었죠.

로빈의 박사 논문에 조언을 하는 중이었기에 왜 그랬는지 이해가 가기는 하죠. 하지만 그렇더라도 그 편지는 거의 평범한 잔소리에 가까웠어요.
그래, 그래! 나도 다 안다고!
뭘 안다는 거예요, 로빈?

당시에 앨런은 관심사를 넓히는 중이었어요. 내 생각에 앨런은 계산 이론에만 머무르려 하지 않았던 것 같아요. 이미 보편만능의 기계 문제는 해결했으니까요.

결국, 맨체스터대학의 교수들은 앨런의 집에는 별 관심이 없었죠. 그보다는 영국국립물리학연구소의 관료적인 업무에만 열중했죠.

재판이 열릴 즈음, 로빈은 앨런이 보냈던 개인적인 내용들을 얘기해 줬죠. 하지만…

하지만 그때쯤에는 별로
상관없었을 거예요.

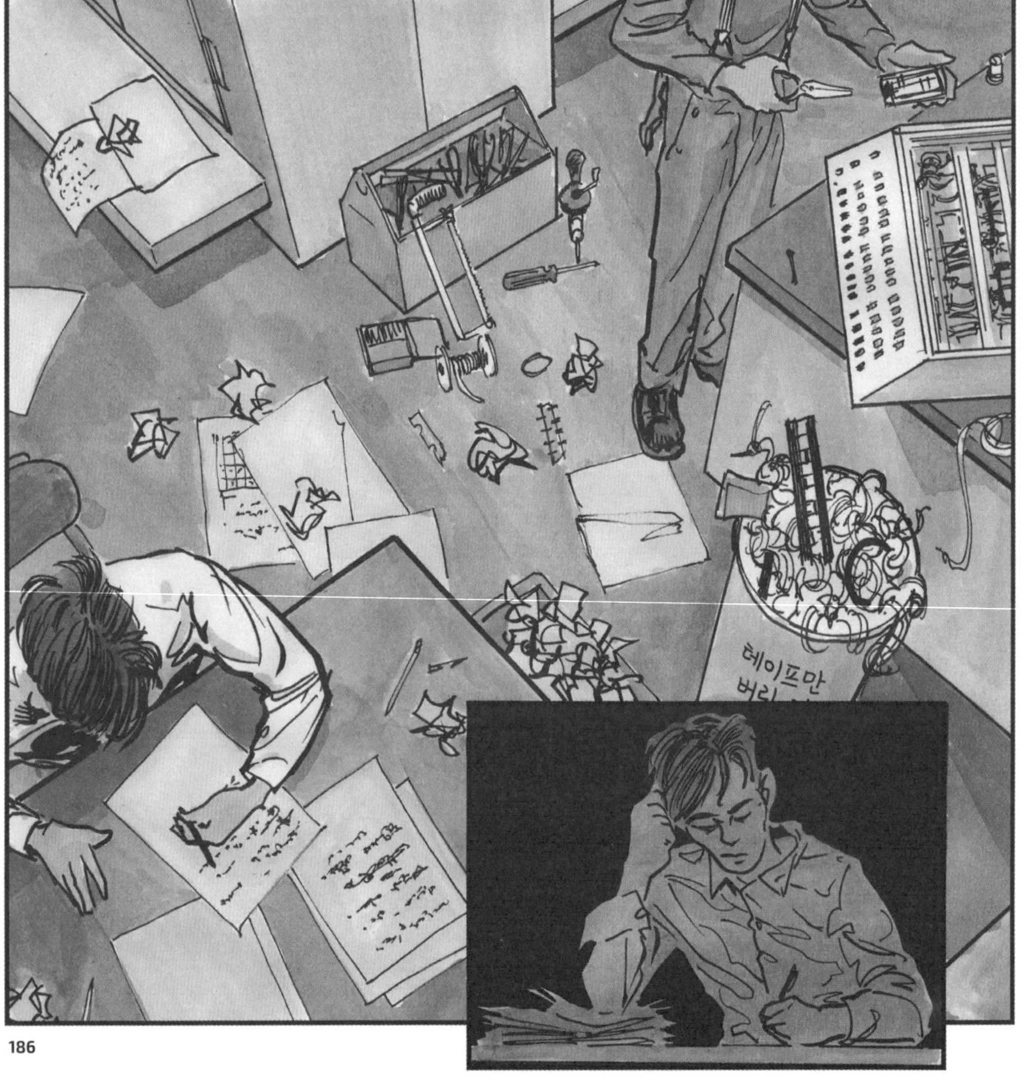
테이프만

이 모든 것을 어떻게 생각하세요?
음, 물론 난 몹시 자랑스러워요. 동료들에게 인정받고, 자기가 좋아하는 일을 했으니까요.
그리고 신문 기사도 났죠! 앨런은 '전자 육상 선수'라고 불렸죠.
앨런은 BBC라디오 프로그램에도 몇 번 출연했어요.
농담하지 말렴, 앨런. 네가 나온 방송인데 왜 안 들어?
이유는 간단해요. 제 목소리를 듣는 건 쑥스럽거든요.
음, 오늘 저녁에 다시 방송한다는구나. 나랑 같이 듣자.

…저는 '기계가 사고할 수 있도록 프로그래밍하는' 방법을 많이 얘기하지는 않겠습니다.
아이디어는 많이 있지만요. 하지만 우리는 아직 그중에서 어떤 게 중요한지 잘 모릅니다.

탐정소설과 마찬가지로, 탐구의 시작은 별것 아닐 수 있죠.

그리고 문제가 해결되면, 가장 핵심적인 사실만 얘깃거리가 될 겁니다. 다만 지금 단계에서는 배심원 앞에서 할 만한 가치 있는 이야기가 없네요.
넌 탐정소설 안 읽잖니?

단지 이렇게 말할 수 있을 따름입니다. 그 과정에서 뭔가를 배워 나가야 한다고요.
이 주제에 대해 사람들은 조금이나마 안심하려고 이런 식으로 말할 때가 많죠. 특별한 인간의 특성은 결코 기계가 모방할 수 없다고요.
아니요, 읽어요. 도러시 세이어즈(Dorothy Sayers) 책은요. 이제 끄면 안 될까요. 이 고통스러운 경험은 한 번으로 충분해요.

예컨대 기계는 매끄럽게 글을 쓸 수가 없어요. 또 야한 것을 봐도 흥분하지 않고, 담배를 피우지도 못하죠.

하지만 저는 그런 위안을 하나도 드릴 수 없습니다. 왜냐하면, 그렇게 경계를 설정할 수는 없다고 믿거든요.
정말 그러니?

하지만 저는 확실히 바라고 믿습니다.
네! 그리고 이제 이건 그만 듣는 게 좋겠어요.
저, 저는 글쓰기라든지 담배라든지 같은 건 잘 모르지만, 적어도 기계가 사고할 수 있게 되리라고 믿어요.

어떻게 그렇게 하는지 우리가 이해하지 못할 수 있지만요. 어쩌면 기계가 쓴 시는 기계가 가장 잘 감상할지도 모르죠.
그리고 그런 일이 벌어지면 그게 어떻게 그렇게 되는지도 우린 이해할 수 없을 거예요.

무시무시하구나!
왜요? 어머니나 제가 어떻게 '생각'이란 걸 하는지 우린 모르잖아요.

…
음, 확실한 건 난 너는 모르겠구나.

그리고 네가 평생 시를 쓸 일은 없으리라고 장담하마.

맞아요. 써본 적 없어요.
하 하 하 하

제 창의성은 어딘가 다른 영역에서 흘러오는 것 같아요.
이제 설거지는 그만해요. 가시기 전에 보여드릴 게 있어요.

이것
보세요!
게을러서 달리기
싫을 때나 페달 밟기
싫을 때 쓰려고
만들었어요.

어때요?
난…

난 그게
너무 이상하게
느껴졌어요.
그 애의 친구들도 그랬죠.
전선을 막 자르고 물건을
망가뜨리고. 위험한 짓도
많이 했어요.
그 애의 미친
행동은 그것뿐만이
아니었지만요.
내가 알 수 없는…
뭔가가 있었죠. 물론 그 애가
자랑스러웠지만, 그래도…

생각할 줄 아는
기계라고요? 어찌나
끔찍한지…

어머니가 반대하고 싫어하는 게 어제오늘 일은 아니었죠.
그런 염려 속에 담긴 심리학은 흥미로웠지만요.
그래서 나는 심리학적 관점에서 접근해보기로 했어요. 철학적 관점도요.
그러려면 먼저 용어를 정리해야 하죠.
다시 말하면 이걸 알아야 해요. 기계란 무엇인가?

내 생각엔 그건 만들어진 무엇이죠.
MIND

그건 본성상 실험적일 수 있어요. 그래서 그것을 만든 기술자들이 자기가 만든 과정을 만족스럽게 기술하지 못할 수 있죠.
나는 물론 그런 정의에서 평범하게 태어난 남성과 여성은 제외했죠.

왜 그게 '물론'인가? 어떤 사람들은 자기가 그 기준에 맞는다고 주장할 수 있어.
그건 사실이에요, 조니. 그리고 그런 남성과 여성은 많은 장점이 있죠. 기계적으로 말하자면, 신경세포는 몹시 촘촘하게 분포하고, 에너지 소비량도 적은 데다가 닳지도 않죠.

… 어쩌면 수백 년은 버틸 수 있어요. 안정적인 매개체에 담긴다면 말이에요.

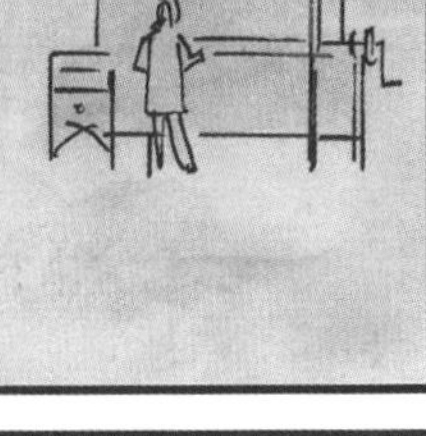

*찰스 배비지(Charles Babbage): 19세기 영국의 과학자이자 발명가. '컴퓨터의 아버지'로 불린다.

그러면
기계는 그렇게
할까요?
나는 20세기 말 정도면
모순 없이 사고하는 기계에 대해
말할 수 있을 거라 믿어요.

물론, 내 생각에 반대하는
의견도 있겠죠.
생각한다는 건
불멸하는 영혼을 가진 인간의
능력입니다. 신은 모든 남성과
여성에게 영혼을 주었어요.
하지만 동물이나 기계에는
영혼을 주지 않으셨죠.

나는 그런
견해를 받아들일
수 없어요.

당신은 영혼이
없군요!
그런 주장이 종교가
다른 사람들에게는 어떻게
들리겠어요? 신앙이 없는 사람이나
심지어는 여성도 영혼이 없다고
주장하는 종교요.

종교에서 말하는
주장은 증명할 수 있는 것을
지지하거나 거부하기도
하죠.
그리고 그런 주장은
과거에도 마찬가지였어요.
특히 대단한 과학의 발견이
있을 때도 그랬죠.

지구가 돈다는 사실이 증명되었을 때 사람들은…
그리고 그것과 비슷한 주장이 또 있죠.

기에가 생가칸다니 금찍해! 그러케 모한다고 미게 해줘!
"기계가 생각한다니 끔찍해! 그렇게 못한다고 믿게 해줘!"라고 말하는 듯하군요.
우리는 사람이 기계보다 우월하다고 가정하려 하죠, 결국은요. 그리고 그 위치를 잃고 싶지 않아 해요.

하지만 정말 인간이 우월할까요?

여기에 대한 수학적인 반론이 흥미롭죠.
괴델, 처치, 그 밖의 여러 사람이 디지털 기계가 할 수 있는 일에는 한계가 있다는 사실을 보여주었죠.

무슨 말이냐면 가끔 기계는 틀린 답을 내놓고, 아예 답을 못하는 경우가 있다는 거예요.
하지만 이런 한계가 우리 인간에게 적용되지 않는다는 증명은 없어요.

사실은 그 반대죠. 우리는 인간의 한계를 잘 알아요.

그리고 다음과 같은 주장도 있어요. "기계가 생각에 잠기고 감정을 느껴서 시를 쓸 수 있어야 비로소 우리는 기계에도 두뇌가 있다고 동의할 수 있다."
"즉 기계는 글을 쓸 수 있을 뿐 아니라 자기가 썼다는 사실을 알아야 한다."
"성공하면 쾌락을 느끼거나, 진공관이 녹았다고 슬퍼하는 기계 메커니즘은 없다."
"칭찬을 들으면 마음이 풀리거나, 성관계를 맺고 싶어 하지도 않는다."
흥미롭죠.
하지만 이런 관점에 따르면 내가 생각한다는 사실을 아는, 또는 느끼는 유일한 방법은 내가 되는 것뿐이에요.
이것을 계속 따지고 드는 대신, 우리는 그냥 모두 다 생각하고 느낀다는 예의 바른 통념을 받아들이죠.
즉 우리는 앞의 관점을 버릴 필요가 있어요. 그게 기계에 대한 더 공평한 생각이에요.

*에이다 러브레이스(Ada Lovelace): 영국 시인 바이런의 딸로, 최초의 여성 컴퓨터 프로그래머로 평가받는다.

그리고 그때부터
앨런은 초감각
지각인지 뭔지를
파고들었죠.
내 말은 텔레파시같이
쓰레기 같은 것들에
대해서요.
잠깐만요, 당신은 누구인가요?
그리고 앨런과는 어떻게 아는
사이예요?
머리예요.
아널드 머리.

우리는 맨체스터
옥스퍼드가에서 만났죠.
그는 초능력인지 뭔지를
얘기하더니 자기가
생각하는 게임을 말했죠.
학술지《마인드》에서
내 생각을 출간해줬죠.
그 논문은 널리 읽혔어요.
한정된 집단
안에서였지만요,
어쨌든.
그렇군요.

어떻게 생각해요?

그런데 당신 이름이 뭐라고 했죠?
나, 난 앨런이에요. 대학에서 강의하죠. 그리고 전자두뇌도 연구해요.

그게 지금 말하는 내용이죠. 나는 '이미테이션 게임'을 통해 그런 두뇌를 시험할 수 있다고 제안했어요.
뭐라고요?

그 두, 두뇌가 생각할 수 있는지 알아보려는 거예요.
A
B
A: 내 머리카락은 길고 종종 눈을 덮는다.
게임을 하려면 세 명이 필요하죠. 남자 한 명, 여자 한 명, 그리고 질문자요.
I
질문자는 나머지 두 사람에게서 멀리 떨어져 있어요.
이 게임의 목표는 질문자가 누가 남자고 누가 여자인지 결정하게 하는 거예요.

A= 남자 & B= 여자 ?
B= 남자 & A= 여자 ?
I
I(질문자): A는 남자고 B는 여자다.
두 사람은 A와 B라는 이름표가 붙어 있고 질문자는 그것까지만 알죠. 게임이 끝날 무렵 질문자는 'A는 남자고 B는 여자다.'같이 대답해요. 아니면 그 반대로요.

A의 목표는 질문자가 자기를 잘못 인지하게 하는 거죠.
그, 그리고 B의 목표는 질문자를 돕는 거예요.
A
A: 나는 가슴이 볼록하고 목소리가 높다.

B가 쓸 수 있는 최고의 전략은 참인 대답을 하는 거예요. 그리고 "내가 여자다. 저 남자의 말을 듣지 말라!" 같은 말을 덧붙이는 거죠.
하지만 남자도 똑같은 말을 할 수 있으므로 크게 도움이 되지는 않을 거예요.
A: 아니다. 저 남자가 당신을 속이고 있다.
A

이제 질문을 하나 던질게요. 이 게임에서 A 역할을 기계가 맡는다면 어떤 일이 벌어질까요?
A

A
B
C ?!
과연 질문자는 남자와 여자 사이에서 게임을 할 때와 마찬가지로 여자와 기계 사이에서도 종종 잘못된 결론을 내릴까요?
그리고 이런 질문들을 던진다는 것은 결국 이렇게 묻는 것과 같죠. "기계가 생각할 수 있는가?"
바로 그게 당신이 던지고 싶은 질문이군요. 그렇죠?

그, 그래요. 당신은 이런 모방이…
음… 그건 그렇다 치고, 또 다른 질문이 있어요. 더 쉬운 거죠. 이, 이번 주 주말에 우리 집에 놀러 올래요?

음, 이름이…
앨런이에요.
그래요, 앨런. 그렇게 하죠.

당신 주소를 적어주세요.
그리고 제게 3파운드만
빌려주겠어요?

나는 두 가지 부탁을 다
들어줬죠. 하지만 그는
주말에 나타나지 않았어요.

나는 그다음 날 월요일에
일찍 일을 끝내고
오는 중이었죠.

우연히 그날
아널드와
마주쳤어요.
그리고 이번에는… 하룻밤 자고
가지는 않았지만, 그가 내 집에
왔다갔죠. 그리고 연휴가 끝나고
다시 오기로 했어요.

나는 그에게 크리스마스 선물로 작은
주머니칼을 보냈죠. 그리고 우리는
1월 12일에 다시 보기로 했어요.

아널드는 14일에 왔고,
그날 밤을 같이 보냈어요.

… 나는 게임은
안 해요. 이런 규칙이
복잡한 건 배워본 적도
없어요.
괜찮아요. 우리가 생각하는
실험에는 어차피 서툰 참가자가
필요하니까요.
우리라고요?
데, 데이비드와 나요.
데이비드? 다른
사람이 있나 보죠?

이런, 그런 게 아니에요.
… 데이비드는 오랜
친구이자 동료예요.
어쨌든 이건 이미테이션
게임이죠. 당신도 알겠지만
만약 우리가 기계와 당신의
행동을 관찰자의 위치에서
전달받을 수 있다면…
또 그
얘기네요.
계속해봐요.

기계 얘기나
계속하라고요.
하지만…
음,
그만할게요.

어느 정도는 이미
시도해봤던 실험인데.
어쨌든, 아, 신경
쓰지 마요.

이건
뭔가요?

아, 금을 도금하는
실험 중이에요. 전기
분해법으로요.

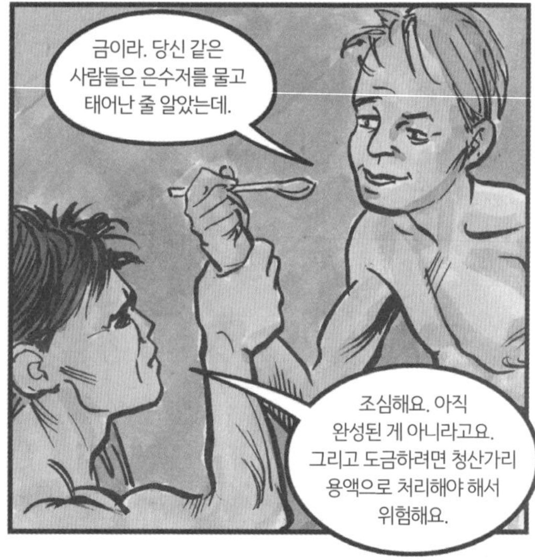
금이라. 당신 같은
사람들은 은수저를 물고
태어난 줄 알았는데.
조심해요. 아직
완성된 게 아니라고요.
그리고 도금하려면 청산가리
용액으로 처리해야 해서
위험해요.

제프리 제퍼슨은
대체 누구예요? 그리고
이 사람은 무엇 때문에
"아주 기쁘군요."라는
건가요?

이 사람하고 그걸
하면 되겠네요.

제퍼슨이요?
제퍼슨은 내가 전에 말했던
라디오 프로그램에 나온
사람이에요. 이건 전에 내가
아, 음… 왕립학회 회원으로
뽑혔을 때 준 편지고요.

"나는 당신의
진공관들이 모두 빛난다는
사실을 진심으로 믿습니다. …
당신에게 즐거움과 자랑스러움을
담은 메시지를 전합니다."

"하지만
속지 마세요!"
하하
재밌게도
썼네요.

계집애 같네요.
이 방에 있는 건 다 뭔가요?
거긴 화장실… 아, 반대편 방을 말하는 거라면 거긴 '악몽의 방'이에요. 내 실험실이죠.
어… 함부로 만지면 안 돼요. 위험한 약품을 쏟으면 안 된다고요.

'악몽의 방'이라니, 진심으로 그런 이름을 붙인 거예요? 대체 나이가 몇 살이에요?
다음 날 지갑을 확인해보니 7파운드가 사라져 있었죠.
나는 아널드에게 다시는 보고 싶지 않다는 편지를 보냈어요.

당연히 그는 그 일은 자기와 전혀 관계없다고 부인했죠. 그리고 당연하다는 듯이 내 집에 찾아왔어요.
그리고…

처음에는 그렇게 고약한 일 같지는
않았어요. 지갑에서 돈이 약간
사라졌고, 셔츠와 바지, 신발, 나침반,
뚜껑을 딴 포도주 한 병이 없어졌죠.

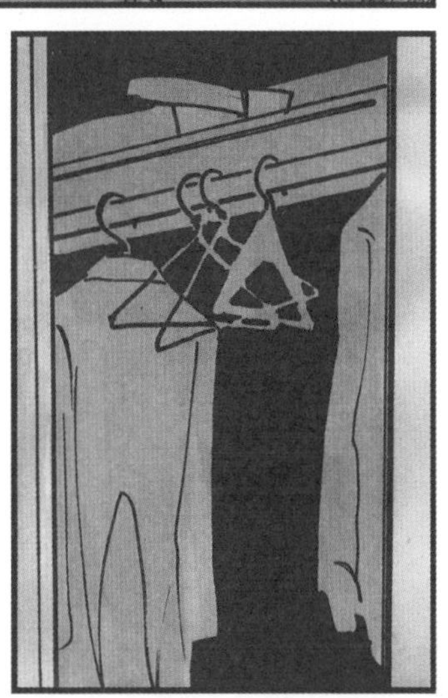

하지만 시간이 지날수록
더 많은 물건들이
없어졌어요.

나는 아널드에게 다시 편지를 써서 다시는 보고 싶지 않다고 했죠. 그래도 아널드는 인정하지 않았어요.
나는 그 당신 집이 털린 것에 대해 아무것도 몰라요. 맹세할 수 있어요.

그리고 내가 만약에 그랬다고 해도, 나도 모든 걸 경찰에게 말할 거예요. 그걸 신고하는 건 내 의무니까요.
무슨 말 하는 거예요? …
아, 당신 정말 바닥을 보이는군요.

앨런 같은 사람에게 그런 말을 해봤자 소용없다는 건 둘 다 알았죠.
하지만 난 정말 안 그랬다니까요. 정말로.

내 생각엔 내 지인인
해리 짓인 것 같아요.
해군에서 막 전역해서
지금은 아무 일도 안 하죠.

우리는 최근에 우리가 거뒀던… 어떤
성공적인 일을 얘기하는 중이었어요.
음, 완벽해. 가끔은
꾸준히 하고, 지저분한
장소를 골라. 그리고
좀 더 숨기고…

그는 마치 뭔가를 꾸미는
듯했어요. 하지만 나는 당연히
거절했죠. 생각해보지도
않았어요.
…
그렇군요.

음, 시간이 늦었어요.
오늘 밤은 자고 가요.
내일 내가 경찰에
신고할게요.

앨런은 경찰에게 해리에 관해서 얘기했어요.
그리고 자기가 해리를 어떻게 알게 되었는지 전부 말했죠.
나, 나는 한
젊은 남자와 만나고
있어요. 그런데
그 사람에게는
어떤 친구가 있는 것
같더라고요.
그렇게 똑똑한 사람이
그런 어처구니없는 짓을…

후.
결과가 어땠느냐고요?
1952년 3월 31일에 나와
튜링은 같이 기소당해
법정에 서게 됐죠.

'1885년 형법 수정안의
11조를 위반한 중대 외설죄'
건입니다.
대단한 재판이었어요.
나는 5쪽에 걸쳐 내가,
아니 우리가 체포되기까지의
과정을 설명했죠.
튜링은 아주 훌륭한
사람인 것 같습니다. 멋진
글을 써서 보냈더군요.
자신에게 자부심을
느끼는 것 같습니다. 실제로
얼마나 그런지는 모르지만요. 그는
그것이… 합법화되지 않았다는
사실에 놀라는 듯했습니다.
왜 그렇게
생각했던
걸까요?

나는 많은 증인을
데려왔죠.
피고 측 변호인이
맨체스터대학의 맥스
뉴먼 교수를 증인석에
불렀습니다.
나는 앨런을 가르쳤던
교수고, 전쟁이 터졌을 때 그와
같이 일했습니다. BBC 라디오에서
"자동으로 계산하는 기계는 생각한다고
할 수 있을까?"라는 주제로 방송했을 때
제퍼슨 교수, 앨런과 함께 출연하기도
했어요. 혹시 들어보셨나요?

듣지는 못했습니다.
하지만 분명 아주 흥미로울 것 같네요. 전쟁 때의 복무가 튜링의 성격에 어떤 영향을 끼쳤는지 자세히 말해줄 수 있나요?
죄송하지만 그럴 수 없습니다. 얘기할 수 있는 건 앨런이 나와 마찬가지로 대영제국 훈장을 받았다는 사실이죠.
음, 훌륭하군요. 하지만…

그리고 당시 난 그런 남자를 내 집에 들일 수 있느냐는 질문을 받았죠.
그래서 나는 그럴 것이고, 전에도 그랬었고, 요즘에도 종종 그렇게 한다고 얘기하고자 했어요. 판사가 내 말을 잘 알아들었으면 하네요.
고마워요, 뉴먼 교수님.

이름을 말해 밝히세요.
휴 알렉산더입니다.
당신은 피고를 뉴먼 교수만큼 오래 알고 지냈나요?

아뇨, 그렇지는 않습니다. 전쟁이 시작되었을 때부터 알았죠.
전쟁이라… 그렇군요. 뉴먼 교수도 그때 피고와 일했던 경험을 말했었죠. 그의 임무를 자세히 말해주시겠습니까?
아뇨, 말할 수 없습니다.

우리는 할 일을 했어요.
음, 물론이죠. 하지만 또 다른 것은…

우리는 일했죠.
나는 그가 국가적인 자산이라는 것 말고는 따로 덧붙일 말이 없습니다.
하지만 나는 결국 유죄 선고를 받았죠. 그래도 하고 싶은 얘기는 했어요.
그렇기에 나는 평결에 문제가 있다고 생각하지 않아요.
보호관찰을 명합니다.

다만 당신이 맨체스터왕립병원의 전문의에게 유기 치료 요법을 받는다는 조건이 붙습니다.

간단히 말하면 강제 에스트로겐 주사 요법이었죠. 그들은 심리 요법 같은 건 별 소용이 없다는 사실을 알았던 것 같아요.

시간이 지날수록 나는
의사들이 여성형 유방증이라
불리는 증상을 보였죠.
다시 말하면 가슴이 나오는
거였어요. 목소리도 높아졌죠.
사정을 몰랐던 사람들에게도
말할 수밖에 없었죠.
그러면서 수치심을 느꼈어요.

형도 마찬가지였어요.
나는 형에게 내가 무죄이고
항소할 거라 말했죠.

결국, 법이 잘못된
거였어요. 그래도 형은
그러지 말라고 말렸어요.
재판을 되도록 짧고
조용하게 끝내라고요.
하지만 나는 이해할 수
없었어요.
실험을 다시 시작할 수도 없었죠.
그러고 싶지 않았지만요.
하…
어쨌든 나는 형도 사정을
알리라고 생각했지만, 형은
나를 그저 여성을 혐오하는
사람이라 생각한다고 말했죠.
이런 게 왜
여기 있지?
빈집털이와
항문 성교
나는 형더러 어머니께
내 사정을 말해달라고
부탁했어요.

…
그건 바보스럽고
불공평했죠.
하지만 난 얼렁뚱땅
넘어가려 했던 걸
곧 후회했어요.

나는 내가 그때 꽤 솔직했다고 생각해요.
그건 바보짓이었고 앨런도 그걸 알았어요. 하지만 앨런이 그저 '여성혐오자'였다고요?
아뇨, 그건 아니에요. 제가 알아요.
어머니도 잘 알고 있었을 거예요. 어머니가 그것이 암시하는 바를 전혀 몰랐다고는 생각되지 않아요.
당신은 어땠습니까?

내가 뭘 말입니까? 그게 중요한 문제인가요?

좋아요.

앨런은 내 동생이지만, 사실 내가 동성애자들을 좋아한다고 길게 겉치레 변명을 늘어놓고 싶지는 않네요.
그리고 난 내 동생에 대해서 잘 몰랐던 것 같고요.
하지만 앨런이 편지를 많이 보냈잖아요?
편지라고요? 가끔은 몇 사람들에게 보냈겠죠. 하지만 가관이었던 건 그 전보였어요.

POST OFFICE
TELEGRAM
GUILDFORD.ENNISMORE 8
오늘 도착
그 전보에는 날짜나 시간도 없었죠. 앨런은 항상 자기만의 세상에서 지냈으니까요.
어머니는 그런 것들을 무척 많이 받았고 그럴 때마다 화를 냈어요.
앨런.
앨런, 앨런…
그게 정말이에요?
정말?
오, 세상에.
정말이에요? 내가 그 사실을 알았다고? 생각해보면… 모르진 않았던 것 같아요.
맞아요. 아마 앨런이 그렇게 어리지 않았을 때였는데, 존이 그 애가 그때에도 이미 동성애자였다고 말했죠.
사실 부끄러운 일이에요. 일종의 질병이나 공포증이겠죠.
존이 그렇게 말했어요. 무척… 혐오스럽다는 듯이.
치료가 가능하다고 들었어요. 그렇게 위험해 보이지도 않고요.

나는 당시에 제정신이 아니었던 것 같아요.
내가 알았느냐고요? 그 애가 추파를 던지거나 누굴 꼬드겼을 리가 없죠.
일부 남자들은 그런 행동을 안 한다고요.

그리고 앨런은 전쟁이 터졌던 동안에 약혼했다고 말했어요.
약혼녀 조앤을 어디서 만났는지는 한 번도 얘기해주지 않았지만…

그리고 나는 그들이 어쩌면…
그 여자도 결국 수학자였으니까요.
어쨌든 나는 에스트로겐 주사에 대해 읽었어요. 그건 실제로 충동… 을 잠재운다더군요.

앨런은 또 다른 증상도 있다고 말했죠.

정상으로 돌아오려면
요법을 그만둬야 했죠.
앨런, 지나가다 봤는데
자네…
자네 대체
뭐하는 건가?

아, 이거요?
제가 시계를
잃어버려서요. 계속
운동하려면 이렇게
해야 했죠.

… 하지만 점점 힘들어요.
제 성욕이 없어지는 것만이
그 요법의 유일한 효과가
아니더군요.

PERSONNEL 1.
그래서… 음. 요즘엔
어떤 걸 연구하나? 자네
사무실에서 컴퓨터를 별로
못 본 것 같아서 말이야.

*앞의 두 수의 합이 바로 뒤의 수가 되는 수의 배열

아, 그것
말인데.

음…

…
어쨌든 저는 다른
사람으로 태어나야
합니다!

하지만 어떤
사람으로?

앨런은 계속
움직였죠.

달리기는 덜 했지만
계속 글을 썼어요.

놀랍게도 소설도 썼죠.
전혀 그럴 것 같지
않았는데 말이죠.
나는 앨런이 쓴 단편소설
하나를 읽었어요. 주인공은
알렉 프라이스(Alec Pryce)였죠.
그는 과학자인데, 행성 여행의
전문가였어요.

이 프라이스라는 친구는 미친 듯이
새로운 것을 시도했어요. 즉흥 악기
연주라든지 라디오 출연을 하고,
자신의 동성애 정체성을 과시하듯
드러내기도 했죠.

… 그리고 새로 발표한 이론을
론이라는 이름의 친구에게
떠벌리듯 얘기했죠.
론은 똑똑한 학자가 아닌 데다
알렉을 아름답다고 여기지도
않았죠. 하지만…
네가 무엇을
안에 끌고 들어가든
침대는 침대야.
하지만 앨런은
이 이야기를 끝맺지
못했어요.
그는 너무나
많은 것을 남겼죠.
로빈과
나는…
우리도 답장을 썼어요.
하지만 내가 아까 말했듯이
앨런은 편지에서 정말이지
자기 얘기를 거의 늘어놓지
않았어요. 그 편지의… 마지막
부분만 제외하고요.

그리고 언제나 그랬듯이 앨런이 자기를 가장 잘 표현하는 방식은 수학이었죠.

"나는 언제나 내게 닥칠 가능성이 많다고 생각했던 곤란에 처했어. 확률로 치면 약 10 : 1 정도라고 생각했지."

"이 문제의 원인에 관한 이야기는 꽤 길고 재미있는데, 언젠가 단편소설로 써 볼까 하지만 지금은 시간이 없어서 얘기할 수 없어."

"내가 완전히 다른 사람이 되어 여기서 벗어날 거라는 데는 의심의 여지가 없지만, 그게 어떤 사람인지는 아직 모르겠어."

그리고 앨런은 이어서 이렇게 적었어요.
"나는 미래의 누군가가 삼단논법을 사용할 것 같아 유감이네."

The Chemical Basis of Morphogenesis
**Solvable And Unsolvable Problems*

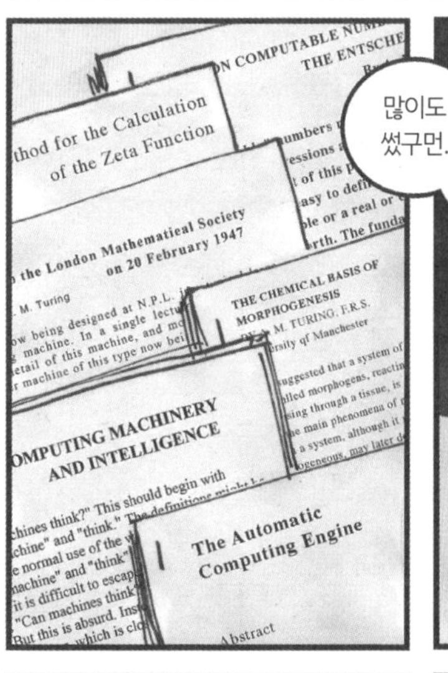
ON COMPUTABLE NUMBERS
THE ENTSCHE
of the Zeta Function
on 20 February 1947
THE CHEMICAL BASIS OF MORPHOGENESIS
COMPUTING MACHINERY AND INTELLIGENCE
The Automatic Computing Engine
Abstract

많이도 썼구먼.

ON COMPUTABLE NUMBERS, WITH AN APPLICATION TO THE ENTSCHEIDUNGSPROBLEM
By A. M. Turing.
이렇게 많이 썼는데 아직 아무도 모르지.
나도 모르는 건 마찬가지지만 말이야.

거울아, 거울아…

누가… 제일 매력적이니?

운율이
맞지 않아.
각운이라 해야 더 맞을까요.
하지만 상관없었죠. 여기엔
나밖에 없으니까요.
하.
음, 사실은 그곳엔 나와
결정 문제뿐이었죠.

결정 문제는 이미 예전에
해결하지 않았나요?
··· 후,
이론적으로는
그랬죠.

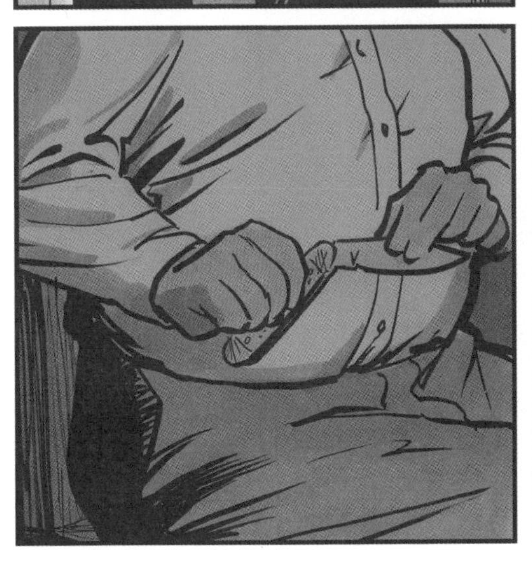

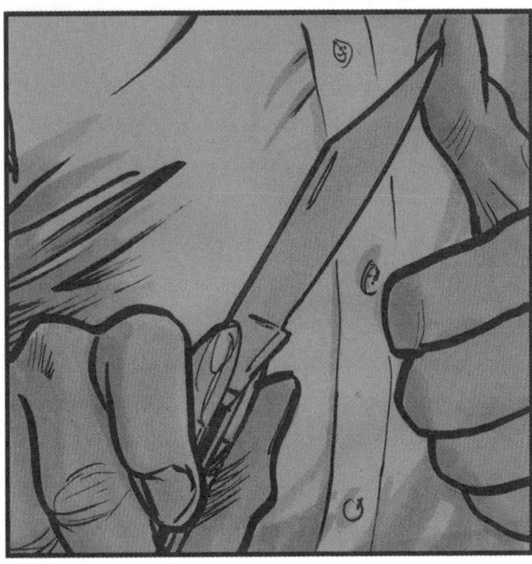

KCN

억!

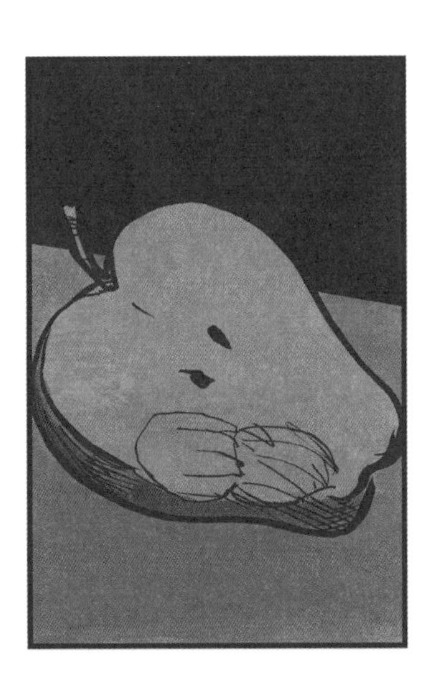

다음 날 저녁,
가정부 클레이턴 부인이
그의 시체를 발견했다.

작가의 말

2009년 9월 10일, 영국의 총리 고든 브라운(Gordon Brown)은 존 그레이엄 커밍(John Graham-Cumming)이 주도한 청원을 인정하면서, 영국 정부를 대표해서 앨런 튜링에게 사과하는 성명을 발표했다. 이 성명은 이렇게 끝났다. "우리는 미안하게 생각합니다. 당신은 훨씬 훌륭한 대접을 받을 자격이 있습니다." 2013년 12월 24일, 엘리자베스 2세 여왕은 튜링에게 왕실 사면 특권에 의거한 사면을 허락했다. 여왕은 다음과 같이 말했다.

> "이제 우리는 현 상황을 고려하여, 기쁘고 감사한 마음을 담아,
> 앨런 매디슨 튜링에게 은총과 자비를 베풀며 그에게 상술한
> 유죄 판결에 대한 특사를 내립니다."

이 유감 표명과 사과는 이전에 비해 한 발자국 더 나아간 것이지만, 여전히 정부로서는 소극적인 대응일 뿐이라고밖에 볼 수 없다. 게다가 너무 늦은 일이기도 했다. 나는 튜링이라면 자기에게 내려진 은총과 자비에 곤혹스러워하며 이렇게 대꾸했으리라 상상한다. "고맙네요. 그러면 이 법에 따라 유죄 선고를 받았던 다른 사람들은 전부 어떻게 되는 거죠?" 우리도 거기에 대해서는 모른다. 그리고 튜링의 죽음은 여전히 이해할 수 없는 비극으로 남아 있다.

나는 2007년에서 2010년 사이에 이 책의 원고를 썼고, 2011년 내내 다듬었다. 그때 B. 잭 코플랜드(B. Jack Copeland)의 책《튜링: 컴퓨터와 정보 시대의 개척자(*Turing: Pioneer of the Information Age*)》가 출간되었다. 나는 이 책을 읽고, 튜링의 자살 건에 관한 검시관의 보고서도 찾아 읽었다. 그 보고서 속에서 튜링의 훌륭한 친구들을 많이 만났는데, 그들은 튜링이 자살했다는 결론에 동의했다. 하지만 코플랜드는 그렇지 않다. 자신이 직접 찾은 서류에 근거하여 새로운 가설을 제시한다. 그는 튜링이 청산가리 기체를 실수로 흡입하는 사고사로 사망했다는 것이 더 그럴듯하다고 주장한다. 여기에 그치지 않고 세 번째 시나리오도 제안한다. 내가 보기에는 사고나 자살보다 설득력이 덜한 것 같지만 말이다. 코플랜드의 주장과 그 이유를 더 자세히 알고 싶다면 그의 책을 직접 읽어보기를 바란다.

책을 출간하기 전, 튜링의 죽음을 온라인에 게시했을 때는 튜링의 마지막 몇 시간을 이 책에서보다 더 분명하게 표현했다. 반면, 초고에서는 튜링이 사과를 가지고 무엇을 했는지(또는 하지 않았는지)를 열린 질문으로 남겼었다. 결국 나는 초고로 돌아와 애매모호한 결론으로 마무리했는데, 여기에는 몇 가지 이유가 있다. 첫째, 이 책은 무척 많은

화자가 다양한 관점에서 이야기하는 구성이기에 이런 마무리가 더 낫다고 본다. 튜링의 죽음에 관해서는 거의 공식적인 결론이 있고 새로운 가설도 있지만, 그런 것들을 인정하는 걸 떠나서 이런 마무리가 더 낫다고 생각한다. 두 번째로, 그래도 나는 여전히 자살이 더 그럴듯한 시나리오라고 생각한다. 이 책을 쓰면서 튜링의 머릿속에 조금이나마 더 깊이 들어갈 수 있었다. 물론 나는 천재가 아니니 아주 일부분만 접근할 수 있었지만 말이다. 그리고 튜링의 결단력 있는 행동이 사고사만큼이나 설득력 있는 결말이라고 느꼈다.

그렇다면 여러분이 이 책의 내용을 모두 있는 그대로 받아들여도 괜찮을까? 어쩌면 그렇지 않을 것이다. 여러분도 알겠지만, 튜링이 안개 속을 헤매다가 에이다 러브레이스와 찰스 배비지를 비롯한 여러 인물을 만나는 장면에 역사적 증거는 없다.

책에서 묘사된 결말은 그럴듯한가? 나는 그렇다고 생각하지만, 코플랜드는 이렇게 말한다. "튜링의 죽음을 둘러싼 정황은 언제까지나 불분명하게 남아 있을 것이다." 그러나 언젠가는 이 비밀이 더 선명하게 드러날지도 모른다. 역사는 살아 있는 생명 같아서 계속해서 관점이 바뀔 테고 새로운 정보가 드러나니 말이다. 그러니 튜링의 죽음을 둘러싼 지속적인 논쟁과 관심이 그가 남긴 유산을 빛바래게 하지는 않을 것이다.

가장 중요한 것은 튜링의 죽음이 그에게서 무엇을 앗아갔느냐를 기억하는 것이다. 그리고 우리는 무엇을 잃었는가 하는 것이다. 나는 튜링이 수십 년 더 살았다면 해냈을지도 모르는 새로운 사고와 발견들이 이 세계에서 이뤄졌기를 바란다.

감수자 주(56쪽~58쪽)

여기에서 기기묘묘하다고 느낄 수 있는 튜링의 증명은 사실 그렇게 묘하지는 않다. 명확하다. 우선, 증명의 겉 얼개는 이렇다. 힐베르트 문제를 푸는 기계가 있으면, 그 기계를 이용해서 멈춤 문제를 푸는 기계를 쉽게 만들 수 있다. (1번 사실이라고 하자.) 그런데, 멈춤 문제를 푸는 기계는 원래 불가능한 것이다. (2번 사실이라고 하자.) 그러므로, 힐베르트 문제를 푸는 기계는 존재할 수 없다. 1번 사실은 어떻게 가능한가? 멈출지 판단해야 하는 기계 M이 입력으로 들어오면, 무조건 힐베르트 문제를 푸는 기계를 돌리면 된다. 언젠가는 'M은 멈춤' 혹은 'M은 멈추지 않음' 둘 중에 하나를 뱉어낼 것이다. 둘 중 하나는 참인 명제일 테고, 모든 참인 명제를 만드는 기계가 힐베르트 문제를 푸는 기계이므로 그러하다. 그러면 그 결과에 따라서 멈춤 여부를 출력해주면 된다. 이렇게 멈춤 문제를 푸는 기계를 쉽게 만들 수 있다. 2번 사실은 어떻게 증명할 수 있을까? 그게 가능하면 모순이 생기기 때문이다. 모든 기계(알고리즘)는 자연수로 표현할 수 있는데, 자연수로는 표현 불가능한 기계가 존재하게 된다. 튜링의 이 증명 과정을 자세히 확인하고 싶은 독자에게 《컴퓨터과학이 여는 세계》(이광근, 2015)를 추천한다. 고등학생 수준에서 튜링 증명을 쉽게 설명하고 있다. 그 책의 2장을 참고하기 바란다.

참고할 만한 책과 문헌

이 이야기의 주인공은 튜링의 유명한 시험에서 말하는 용어로 치면 'B'보다는 'A'에 가깝다. 다시 말해 독자는 질문자로서 이 책에서 만나는 다양한 튜링의 모습 가운데 진정한 앨런 매디슨 튜링이 누구인지 알아낼 의무가 있다. 나는 이 일을 돕고자 한다. 그리고 이 책에서 도입한 약간의 허구와 사실을 분리하려면 참고할 만한 많은 자료가 있다. 다음은 이 책을 구성하는 데 도움을 받았던 중요한 자료들이다.

AMT The Turing Digital Archive at http://www.turingarchive.org. 디지털 아카이브에서 각종 문서와 편지, 그 밖에 튜링이 실제로 작성한 글과 보충 자료 들을 열람할 수 있다.

AMTst *Alan M. Turing* by Sara Turing (Cambridge: W. Heffer & Sons, Ltd., 1959). 이 책을 (아래 ATTE 항목에서 설명한) 호지스의 책과 함께 읽어보자. 어린 시절의 튜링과 어른 튜링, 그의 작업에 관해 알게 될 것이다.

AMT100 *Alan M. Turing, Centenary Edition* by Sara Turing with an introduction by Martin Davis and afterword by John Turing (Cambridge: Cambridge University Press, 1959, 2012). 앨런 튜링의 형인 존 튜링이 그에 관한 놀라운 기고와 해설을 썼다.

ATAC *Alan Turing's Automatic Computing Engine: The Master Codebreaker's Struggle to Build the Modern Computer* edited by B. Jack Copeland (Oxford: Oxford University Press, 2005).

ATD *Action This Day* edited by Ralph Erskine and Michael Smith (London: Bantam Press, 2001). 처칠이 한 메모의 복사본을 비롯해 오늘날 유명해진 스티커를 처음 사용한 이야기가 실렸다(PRO HW 1/155).

ATLaL *Alan Turing: Life and Legacy of a Great Thinker* edited by Christof Teuscher (Berlin: Springer-Verlag, 2004).

ATTE *Alan Turing: The Enigma* by Andrew Hodges (New York: Simon & Schuster, 1983). (한국어판: 《앨런 튜링의 이미테이션 게임》, 앤드루 호지스 지음, 김희주·한지원 옮김, 2015, 동아시아) 꼭 읽어야 하는 책이다. 호지스는 책을 아주 잘 썼다. 만약 여러분이 튜링을 더 알고 싶다면, 이 책으로 시작하고 끝을 맺으라. 그러면 만족할 것이다. 나는 과학자들에 대한 만화를 그리기 전에 이 책을 읽었는데, 언젠가 다시 읽을 기회가 있기를 고대했다. 나는 이 책을 튜링에 관한 지식을 총망라한 백과사전으로 삼았다. 종종 간단한 사실 확인만 빠르게 하려다가 이야기에 빠져서 페이지를 한 장 한 장 넘기기도 했지만 말이다. (보너스: 호지스는 이 책의 색인을, 중간에 쪽수 표기로 방해받기는 하지만, 마치 튜링의 짧은 전기처럼 읽히도록 구성했다. 나는 색인을 읽으면서 튜링의 연보와 내 작품의 줄거리를 머릿속에서 구성할 수 있었다. 이 책의 색인은 튜링에 관한 사소한 사실도 기술해 놓아 훌륭하다.)

AWmd *Angus Wilson: A Biography* by Margaret Drabble (London: Secker & Warburg, 1995).

BoW *Battle of Wits: The Complete Story of Codebreaking in World War II* by Stephen Budiansky (New York: Free Press, 2000).

BPAIS *Bletchley Park: An Inmate's Story* by James Thirsk (Bromley: Galago, 2002).

BPe *Bletchley Park Exhibits*, visited September 12, 2007.

BPP *Bletchley Park People: Churchill's Geese that Never Cackled* by Marion Hill (Gloucestershire: Sutton Publishing Ltd., 2004).

Cfhas *Codebreakers: The Inside Story of Bletchley Park* edited by F. H. Hinsley and Alan Strip (Oxford: Oxford University Press, 1993). 특히, 조앤 클라크의 "Hut 8 and Naval Enigma, Part I" 와 다이아나 패인(Diana Payne)의 "The Bombes"를 참조하라.

CMaI "Computing Machinery and Intelligence" by A. M. Turing, Mind, VIX (236), October 1950, 433~460. 반드시 읽어야 하는 글이다. 역사적인 가치 때문에 지레 겁먹거나 바보가 되지 말라. 학문적으로도 훌륭하고 읽기에도 흥미로운 논문이다.

Dmb *Dilly: The Man Who Broke Enigmas* by Mavis Batey (London: Dialogue, 2009). 딜리의 '하렘' 가운데 한 사람이 직접 쓴 책으로 훌륭한 보충 자료가 수록되어 있다.

ES92 *The Enigma Symposium 1992* edited by Hugh Skillen (Middlesex: Hugh Skillen, 1992).

EtB *Enigma: The Battle for the Code* by Hugh Sebag-Montefiore (New York: Wiley, 2000).

EUB *Enigma U-Boats: Breaking the Code* by Jak P. Mallmann Showell (Shepperton: Ian Allen Publishing, 2000).

EV *Enigma Variations: Love, War & Bletchley Park* by Irene Young (Edinburgh: Mainstream Publishing, 1990).

HoMC *A History of Manchester Computers* by Simon H. Lavington (Manchester: NCC Publications, 1975). 유용한 시각 자료가 들어 있다.

MRaE Mathematical Recreations and Essays by W. W. Rouse Ball (London: Macmillan, 1920). 튜링이 아주 좋아했던 책 가운데 하나다.

OCN "On Computable Numbers, with an Application to the Entscheidungsproblem" by A. M. Turing, Proceedings of the London Mathematical Society, Series 2, Volume 42, 1937, 230~265.

ORcm "Operation Ruthless" by C. Morgan, http://www.flickr.com/photos/nationalarchives/4016834826과 http://www.flickr.com/photos/nationalarchives/4016068701 제임스 본드 시리즈의 작가 이언 플레밍이 튜링과 협력한다. 진짜다.

PBat "Prof's Book" by Alan Turing, http://www.alanturing.net/profs_book

SLaD *The Strange Life and Death of Dr. Turing*, written and directed by Christopher

Sykes, BBC2 Horizon/WGBH Nova 50분, 1992년 3월 9일에 본방송 방영. 이것은 또 하나의 유용한 시각 자료다. 보너스로 성인 시절의 조앤 클라크와 도널드 베일리를 잠깐 볼 수 있다. 앤드루 호지스도 오랜 시간 등장한다. http://youtu.be/gyusnGbBSHE와 http://youtu.be/5LHFzNMgWzw에서 볼 수 있다.

StE *Seizing the Enigma: The Race to Break the German U-Boat Codes*, 1939~1943 by David Kahn (Boston: Houghton Mifflin, 1991).

SX: *Station X: The Codebreakers of Bletchley Park* by Michael Smith (London: Channel 4 Books, 1998).

TET *The Essential Turing: Seminal Writings in Computing, Logic, Philosophy, Artificial Intelligence, and Artificial Life plus The Secrets of Enigma* edited by B. Jack Copeland (Oxford: Oxford University Press, 2004). 제목 자체로 말하는 책이다. 튜링이 과학 분야에서 이룩한 핵심적인 업적을 담았다. 이 책은 튜링의 논문을 많이 인용하고 있어 그에 업적에 관한 훌륭한 자료가 된다. 흥미로운 논평과 해설도 수록되어 있다.

THSS *The Hut Six Story: Breaking the Enigma Codes by Gordon Welchman* (New York: McGraw-Hill, 1982).

Tjc *Turing: Pioneer of the Information Age* by B. Jack Copeland (Oxford: Oxford University Press, 2012).

TMWK *The Man Who Knew Too Much: Alan Turing and the Invention of the Computer* by David Leavitt (New York: W.W. Norton, 2006).
(한국어판: 《너무 많이 알았던 사람: 앨런 튜링과 컴퓨터의 발명》, 데이비드 리비트 지음, 고중숙 옮김, 2008년, 동아시아)

TSWoCF-S *The Secret War of Charles Fraser-Smith: The Q Gadget Wizard of World War II* by Charles Fraser-Smith with Gerald McKnight and Sandy Lesberg (London: Michael Joseph, 1981). 제2차 세계대전에서 사용한 비밀 장비 대부분을 공급한 플레밍에 대한 색다른 해석을 엿볼 수 있다. 플레밍의 소설 속 등장인물인 Q에 관한 통찰 또한 얻을 수 있다.

TUC *The Universal Computer: The Road from Leibniz to Turing* by Martin Davis (New York: W.W. Norton, 2000). 나는 저자 데이비스가 튜링에 대해 할애한 장을 읽고, 튜링의 위대한 첫 번째 발견을 비롯해 보편만능의 기계에 대한 그의 생각을 이해하게 되었다.

WKtS *We Kept the Secret: Now It Can Be Told* edited by Gwendoline Page (Norfolk: Geo. R. Reeve, Ltd., 2002).

WLoF Wittgenstein's Lectures on the Foundations of Mathematics, Cambridge 1939 edited by Cora Diamond (Chicago: The University of Chicago Press, 1989).

주석과 참고자료

다음 항목은 '쪽수.칸'의 형식으로 정리되어 있다. 예를 들어, 아래 맨 처음 항목의 경우 16쪽의 1번째 칸은 《앨런 튜링의 이미테이션 게임》의 346쪽의 정보를 토대로 했다는 의미다. (그 근처 칸도 그 정보를 토대로 그렸다. 아래 주석은 내가 맨 처음에 썼던 원고를 토대로 작성한 것인데, 나는 더 나은 스토리텔링을 위해 이 원래 원고에서 종종 벗어났다. 내가 어느 부분에서 얼마나 벗어났는지는 여러분이 한번 애써서 추적해 보라.) 아래의 '튜링 디지털 아카이브'는 'AMT/폴더 이름/폴더 속 아이템'의 형식으로 정리되어 있다.

책에 실린 속지들 중에서 마지막 속지는 〈계산기계와 지성(Computing and Machinery)〉이라는 튜링의 논문에서 첫번째 단락을 인용한 것이다. 처음 두 속지에서는 마지막 속지의 내용에 관해 힌트를 주려 했다. 처음엔 이진법으로 표현했고, 두 번째는 열쇠 해독을 하는 데 쓰는 쪽지의 형태로, 마지막은 평범한 줄글로 실었다.

016.1 ATTE: 346
017.3 AMTst: 19
018.4 AMTst: 17
018.5 AMTst: 20; AMT/K/1/2
019.1 AMTst: 18
019.3 이 책은 에드윈 브루스터(Edwin Brewster)가 쓴 《모든 아이들이 알아야 할 자연의 신비(*Natural Wonders Every Child Should Know*)》다.
019.4 AMTst: 11, 13
020.1 AMTst: 21
020.3 AMTst: 22
021.3 AMTst: 25, 39; AMT/K/1/17
022.4 AMTst: 27
022.5 AMTst: 29~30
022.6 AMTst: 13~14, 27~28
025.5 ATTE: 48
026.2 ATTE: 39~41
026.5 ATTE: 42
030.6 ATTE: 44
031.3 ATTE: 45
032.1 ATTE: 46~47
032.2 AMT/K/1/20

032.4 AMTst: 36
033.1 ATTE: 49~50
033.2 ATTE: 51
033.3 튜링은 실뜨기로 나바호 족의 축구 그물을 만드는 중이다.
034.3 킹스칼리지의 모토는 '베리타스 에트 유틸리타스(Veritas et Utilitas)'인데 그 뜻은 '진리와 유용성'이다.
035.1 AMTst: 41; ATTE: 89
036.1 ATTE: 67; AMT/K/1/25
037.4 AMTst: 43
040.6 TMWK: 20
041.1 AMTst: 113; TMWK: 20
046.1 AMT100: 152~153
047.3 ATTE: 94; AMTst
048.1 TMWK: 52~53
049.1 TMWK: 34~36, 42~44
050.3 이후 튜링이 자기 연구에 관해 말할 때 말 더듬는 습관이 사라졌는지에 대한 증거는 없다. 그의 저작을 보면 말 더듬는 습관이 있었음을 알 수 있다.
050.5 〈계산 가능한 숫자들〉은 TET에 실렸다. 논문 주석은 TUC의 도움을 받았다.
056.1 AMTst: 48~49
058.1 TET: 85~87; OCN
059.3 AMT/K/1/38
059.4 AMT/K/1/28
060.3 TMWK: 106~107,114
060.6 AMT/K/1/41
061.5 AMTst: 51; AMT/K/1/41
062.2 TET: 127; AMT/K/1/42
062.4 TMWK: 117–19; AMT/K/1/42
063.1 AMT/K/1/42
064.1 TMWK: 125
064.3 AMT/K/1/43
064.4 TMWK: 119; TET: 127
064.5 AMT/K/1/43
066.1 AMTst: 52; TET: 130; AMT/K/1/44
068.2 TET: 128; TMWK: 133~134; ATLaL: 46
068.4 AMT/K/1/43; TMWK: 159; ATLaL: 46
069.1 TET: 128; AMT/K/1/61; 이 사람은 윌 존스(Will Jones)인데 이 책에서는 그의 이름을 드러내지 않고 가상으로 등장시켰다. 실제로는 튜링이 미국에서 그를 만나기 전이다.

069.2 AMTst: 54

069.5 AMT/K/1/56; AMT/K/1/59; TET: 132

070.1 TET: 134

070.5 ATTE: 149; 나중에 앨런의 통통해진 손이 이 행동과 비슷한 어떤 행동을 저지를 것이다.

071.1 ATTE: 149

071.5 WLoF: 95; 이 장면이 여기 포함된 이유는 비트겐슈타인이 나중에 등장할 에이다 러브레이스의 반대 의견을 앞질러 말하고 있기 때문이다. 역시 연대기적 사실을 약간 뒤틀었는데, 학술적인 철학 논쟁과 튜링이 전쟁에 휘말리는 순간을 병치하고 싶었기 때문이었다.

072.1 Dmb: 47

072.2 TMWK: 139, 141; ATTE: 151; 이 장면은 상당 부분이 픽션이다. 왜냐하면 튜링이 초창기의 암호학교에 다녔던 시절의 정보가 별로 없기 때문이다. 그래서 이 책에서는 스파이 업무와 언어학에 대한 내용만 넣고 자동 기계나 수학적인 분석에 대해서는 생략했다(사실 그럴 가능성이 있다). 암호를 해독하려던 작업은 초기에는 전통적인 방식에 더 많이 의존했기 때문이다.

073.4 AMTst: 67

079.3 ATTE: 209; BPP: 68~69

082.3 여기서는 경비병들이 튜링을 "과학자(scientist)"라고 부르고 있지만 아마 실제로는 "샌님(boffin)" 정도로 불렀을 것이다. 약간 속어 느낌의 이 단어는 블레츨리를 비롯한 다른 군사 작전을 수행하는 여러 연구자들을 일컫는 말로 애정과 찬탄, (그리고 여기서도 볼 수 있지만 가끔은) 경멸이 섞인 표현이다. 이들은 전쟁에서 이기기 위해 몸보다는 두뇌를 써서 일했다.

086.5,6 BPe; WKtS: 46; 나는 블레츨리파크의 투어 가이드들 가운데 일부가 여자 해군들이 더위에 지쳐 "소매를 걷어 올렸을 뿐"이라고 얘기한다는 사실을 안다. 이 가이드들은 굉장히 신중을 기했던 셈이다. 내가 방문했을 때는 이들이 여군들이 노출했다는 사실을 그저 소문으로만 취급하지 않았다. 블레츨리파크에서 여군으로 복무했던 그웬돌린 페이지(Gwendoline Page)도 여군들이 콜로서스 앞에서 일할 때는 너무 더워서 옷을 벗었다고 이야기했다.

087.6 Dmb: 88

088.2 Dmb: 86

095.1 ATLaL: 443

096.6 Dmb: 32

097.3 TMWK: 182

099.5 AMT100: xiii

102.2 AMT/C/30 전체 논문은 여기 실려 있다; PBat.

104.5 Dmb: 72, 94

108.3 TUC: 172; StE: 100

109.3 Dmb: 21, 136~137; TMWK: 178

111.1 TET: 258~59; 그렇다. 제임스 본드 시리즈를 쓴 이언 플레밍이다.

111.4 EUB: 8

113.1 ORcm; Dmb: 84, 112~113

115.1 SX: 63

116.2 Dmb: various

116.3 Dmb: 106

116.4 Dmb: 94

116.5 TET: 260

117.1 ATTE: 206~208; SlaD

120.5 BPP: 65

121.3,5 여러분이 눈치 채지 못했을 수도 있지만, 튜링와 알렉산더가 하는 게임은 1851년 아돌프 안데르센(Adolf Anderssen)과 리오넬 키세리츠키(Lionel Kieseritzky)가 벌였던 '불멸의 게임'이라는 유명한 체스 대국의 변형된 버전이다.

122.1 SLaD; BPP; Dmb; SX

122.6 AMT/K/1/70; Tjc: 75; ATTE: 216

124.1 AMT/K/1/70에 등장하는 이 여행 이야기는 튜링의 어머니가 아들의 편지에서 까맣게 지워 놓아 이제 읽을 수 없는 유일한 부분이다.

124.3 ATTE: 26, 오스카 와일드의 〈레딩 감옥의 노래〉 중 일부다.

125.1 SX: 78 대부분이 상상한 내용이다.

129.6 BPP: 40~41

131.3 StE: 94~95

134.5 TET: 338; 스튜어트 밀너-배리는 여기서 생략했다. 대신에 화가 난 딜리 녹스를 집어넣었다.

135.3 TET: 336

136.2 Dmb: 66, 157

136.5 EUB: 88; SX: 114

137.1 Dmb: 133

137.4 EUB: 88~92; BPP

141.6 켄 라크루아(Ken Lacroix)와 고든 코넬(Gordon Connel)도 브라운과 함께 이 보트에 탑승했다.

142.2 Dmb: 147

142.3 EUB: 33 re. 유보트 선원에 대한 지시사항이다.

143.3 TMWK: 192~193

143.5 Dmb: 140 루이스 캐럴과의 관련성을 알고 싶다면 참고하라.

144.4 ATLaL: 471; TUC: 174

145.4 TET: 353; ATTE: 271; BPP: 123

145.7 TMWK: 194
147.1 TMWK: 196; ATTE: 282~284
154.4 SX: 172
155.2 WKtS: 84; BPP: 132~133
166.2 AMT/C/32 ACE에 대한 상세한 설명이 실렸다.
167.3 TUC: 188; TET
167.6 TUC: 182
168.4 AMTst: 60, 86
169.3 ATTE: 479; BPP: 68
170.2 AMT100: 157
170.3 TMWK: 208
171.1 TMWK: 209~210
172.2 TMWK: 201~202
172.3 TMWK: 204~205; TET: 354~375; TUC: 191
172.5 TET: 209
173.2 TET: 3
176.5 ATLaL: 165
177.3 AMTst: 87
178.4 AMT/B/32 프로그래머를 위한 편람을 볼 수 있다.
179.2 TMWK: 219
180.5 TMWK: 233; TUC: 192
185.1 AMT/D, AMT/C 일반적인 편지가 어떤 내용이었는지에 대해서 알고 싶다면 참고하라.
185.5 AMTst: 91
187.2 AMTst: 80
187.3 AMT/B/5, 6 라디오 대본에 대해서는; TET: 476.
188.1 TET: 484~486
189.4 AMTst: 91
189.5 AMTst: 98
191.1 AMTst: 60
192 MaI 이후로 몇 쪽은 이 문헌을 참고했다.
198.3 ATTE: 449~450; SLaD
201.1 ATTE: 453
201.3 ATTE: 450 튜링이 바람맞고 옥스퍼드가로 돌아가는 순간을 실었다. 나머지는 허구다.
203.1 ATTE: 450
203.3 ATTE: 388 re. 튜링이 개발한 체스 프로그램 '튜로챔프'의 (부족했던) 성능에 대해서.
203.4 ATLaL: 168
204.2 TET: 431 "이미 시도해 봤던 실험"에 대한 내용.

205.5 AMTst: 103

206.1 AMTst: 115

206.4 ATTE: 453~454

207.1 ATTE: 454 빈집털이 사건에 대해서. 튜링의 실제 진술은 그 심각성을 과소평가했기 때문에, 이 자료에서는 그 심각성이 드러나도록 편집되었다.

209.1 ATTE: 455

210 이 재판에서 튜링의 변호사는 G 린드 스미스(G. Lind-Smith)였고 머리의 변호사는 에믈린 후손(Emyln Hooson)이었다.

210.3 ATTE: 457, 463, 471~472

210.5 TET: 494

212.2 ATTE: 473

213.1 ATTE: 472

213.3 ATTE: 476

213.3 ATTE: 463~464

215.2,4 AMT100: 147

215.6 AMT100: 159

216.5 AMT100: 147

218.1 AMTst: 113 아마 시대착오적인 방식으로 사용되었을 알람시계에 대한 내용; SLaD

219.1 TET: 510

220.3 AMT/D/14a

221.1 AMTst: 60

221.5 AMT/A/13

223.2 AMT/D/14a; 사실 로빈이나 챔프가 아니라 노먼 러틀리지(Norman Routledge)에게 보낸 편지 속 내용이다.

224.1 http://www.turingarchive.org/browse.php/C/24, e.g. 67쪽

226.3 이 모습은 '불멸의 게임'을 실제 대국 순서대로 두었을 때 마지막 말들의 배치이다.

228 그렇다, 이 페이지에서 칸의 배치는 수학자 존 콘웨이(John Conway)가 만든 '생명 게임'의 글라이더를 일부러 모방한 것이다.

232 튜링의 어머니 세라 튜링(Sara Turing)은 2차 대전 당시에 아들이 국가에 복무했던 사실에 대해서 자세한 내용을 몰랐다. 1970년대 암호해독 작업이 국가 기밀 목록에서 부분적으로 제외되기 전까지, 블레츨리파크의 거위들은 한 마리도 울지 않았다.

작가의 말 http://www.telegraph.co.uk/news/politics/gordon-brown/6170112/Gordon-Brown-Im-proud-to-say-sorry-to-a-real-war-hero.html 과 https://www.gov.uk/government/news/royal-pardon-for-ww2-code-breaker-dr-alan-turing.

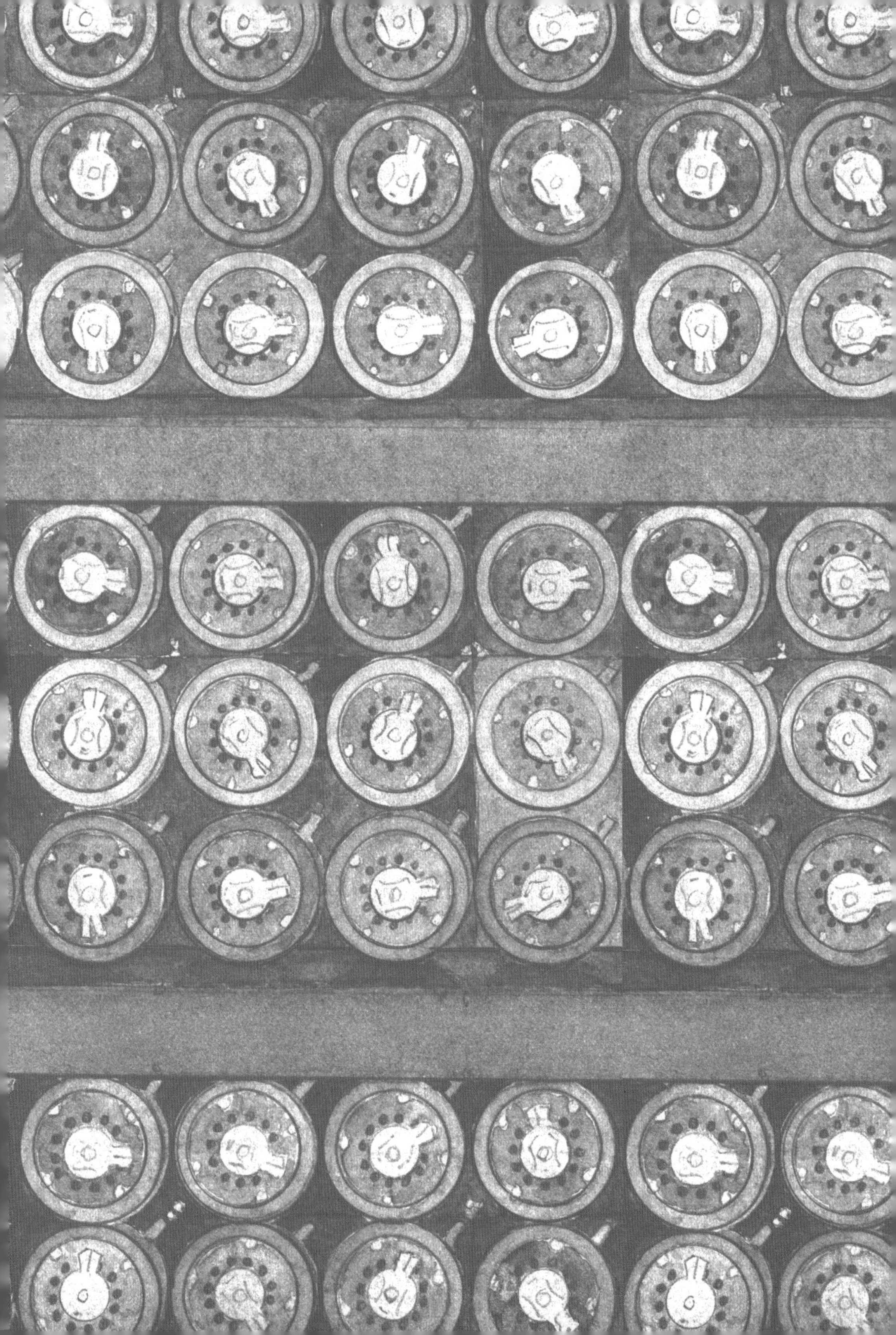